图 2–1　黄瓜缺氮下部叶片呈黄绿色

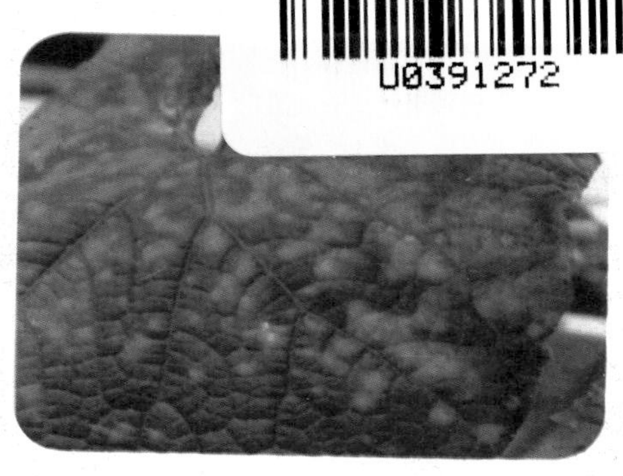
图 2–2　黄瓜缺磷叶片出现水浸状斑

图 2–3　黄瓜缺钾叶缘黄化

图 2–4　黄瓜缺钙新叶卷曲呈匙状

图 2–5　番茄缺镁全株叶片变黄

图 2–6　番茄缺硼果皮变硬龟裂

图 2–7　番茄缺铁顶叶失绿黄化

图 2–8　番茄缺锰叶片呈网纹褪绿变黄

图 2-9　黄瓜缺锌叶肉褪绿叶脉清晰可见

图 2-10　黄瓜氮肥过剩叶片浓绿翻卷

图 2-11　黄瓜磷过剩叶片脉间出现小白斑

图 2-12　黄瓜钾过剩下部叶片黄边

图 2-13　黄瓜锰过剩叶片网状脉褐变

图 3-1　黄瓜遇低温叶脉间干枯坏死

图 3-2　番茄高温半个叶片干枯

图 3-3　番茄氨气危害叶片成褐色枯斑

图 3-4　黄瓜亚硝酸气害叶缘变干呈白色

图 3-5　黄瓜二氧化硫危害致叶脉间变白

图 3-6　黄瓜杀菌剂药害叶片焦枯穿孔

图 3-7　番茄 2，4-D 药害花朵变褐畸形

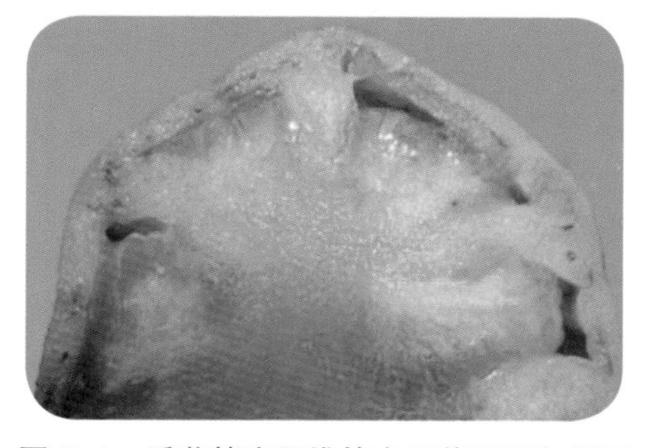

图 5-1　番茄筋腐果维管束呈茶黑褐色坏死

图 5-2　番茄空洞果果肉与胎座间缺少胶状物

图 5-3　番茄裂果

图 5-4　番茄细碎纹裂果

图 5-5　番茄脐腐果

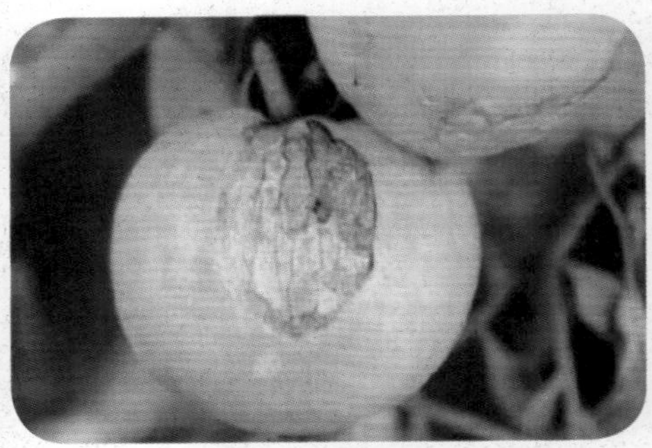

图 5-6　番茄日灼果

图 5-7　番茄畸形果

图 5-8　番茄绿背果果肩残留绿色斑块

图 5-9　番茄茶色果

图 5-10　番茄网纹果

图 5-11　番茄木栓化褐皮果

图 5-12　番茄生理性卷叶

图 5–13　番茄紫斑叶

图 5–14　番茄黄花斑叶

图 5–15　黄瓜银叶病

图 6–1　黄瓜花打顶

图 6–2　黄瓜化瓜

图 6–3　黄瓜畸形瓜

图 6–4　黄瓜瓜佬状如小香瓜

图 6–5　黄瓜生理性充水叶背面污绿色小斑

图 6-6　黄瓜黄化叶

图 6-7　黄瓜花斑叶

图 6-8　黄瓜枯边叶

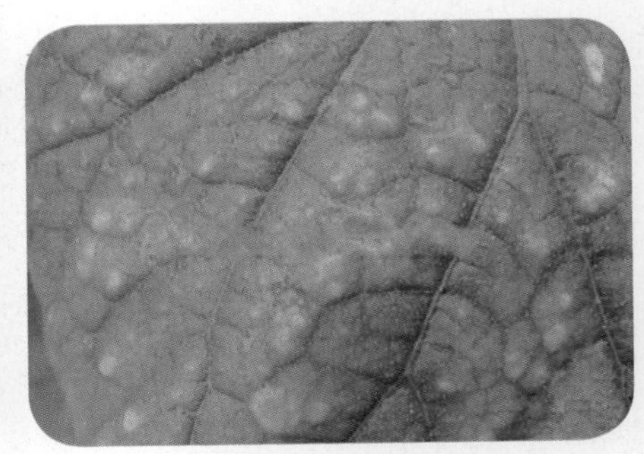

图 6-9　黄瓜泡泡叶

图 6-10　黄瓜叶片皱缩扭曲

图 6-11　黄瓜降落伞状

图 6-12　黄瓜白化叶

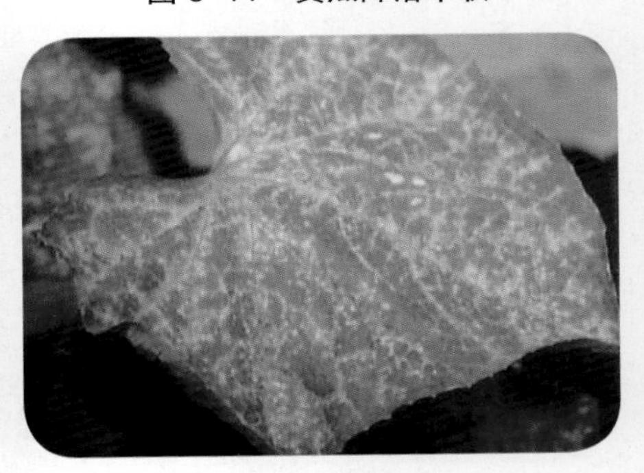

图 6-13　黄瓜褐脉叶

图 6-14　黄瓜金边叶

图 6-15　黄瓜白点叶

图 7-1　辣椒脐腐病病部暗褐色凹陷

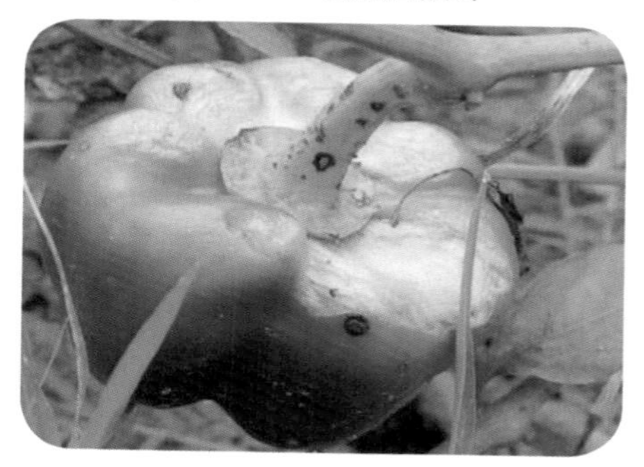
图 7-2　甜椒日灼病病部灰白色

图 7-3　辣椒生理性卷叶

图 7-4　辣椒冷害叶片出现水浸状

图 8-1　茄子缺铁嫩叶网纹状黄化

图 8-2　茄子僵果

图 8-3　茄子裂果

图 8-4　茄子弯曲果

图 8-5　茄子凹凸果剖开果肉间有空洞

图 8-6　茄子日灼果出现浅褐色病变

图 9-1　西葫芦幼苗银叶病

图 9-2　西葫芦化瓜幼果先端萎缩

图 10-1　芹菜黑心病发病初期心叶出现焦枯状

图 10-2　芹菜叶柄开裂

棚室蔬菜
生理性病害的识别与防治

Pengshi shucai Shenglixing Binghai De Shibie Yu Fangzhi

刘巧英 编著

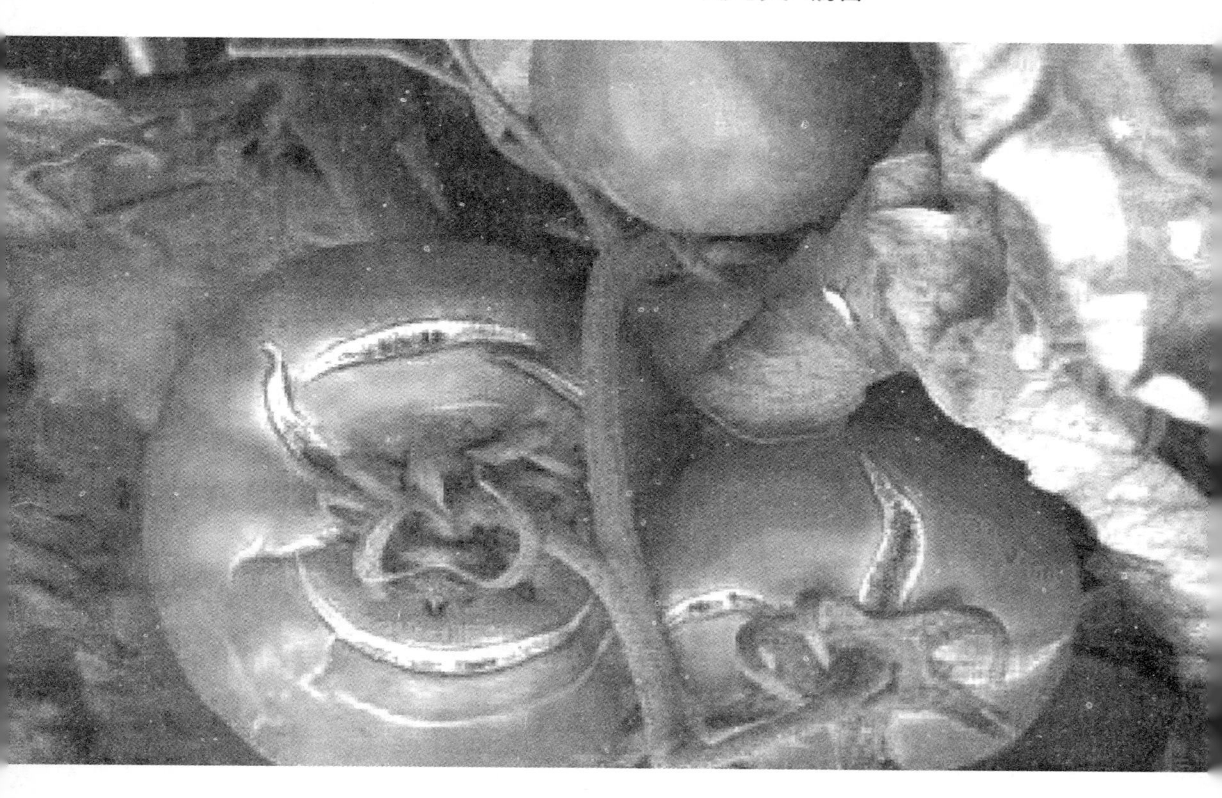

山西出版传媒集团
山西科学技术出版社

目 录

第一章
概 述

棚室保护地栽培是蔬菜生产必不可少的一部分。保护地栽培的环境条件、栽培管理与露地栽培有很大不同。在棚室蔬菜生产过程中，不适宜蔬菜生长的环境条件远比露地栽培要严重得多，常出现生长受阻现象，使蔬菜出现各种障碍，即为蔬菜的生理性病害。生理性病害不仅影响蔬菜产量，更影响蔬菜的外观和品质，其影响程度甚至远远超过侵染性病害。

蔬菜病害包括病原性病害和生理性病害两大类。病原性病害又叫侵染性病害，是由微生物侵染引起的，可分为真菌性病害、细菌性病害、病毒性病害、线虫性病害、寄生性种子植物病害等多种类型。而蔬菜生理性病害是指不是由病毒、细菌、真菌等病原菌侵染引起，而是由于不良的环境条件（如低温、光照不足、水分管理不当）、营养元素缺乏或过剩、有害气体等原因造成的，这些由环境条件不适而引起的病害不能相互传染，故又称为非侵染性病害。蔬菜植株感染生理性病害时，一旦环境改善，病害症状便不再继续，植株就能恢复正常状态。

一、生理性病害与病原性病害的区别

生理性病害与病原性病害是两类不同的病害，其防治方法完全不同。生理性病害需要及时改善和消除引发病害的不利环境因素才能消除病状，而病原性病害应及时喷洒农药防治。

在实际生产中，菜农们经常分不清哪些是生理性病害，哪些是病原性病害，一旦“误诊”，可能延误最佳防治时间；或者滥用农药，影响农产品的质量，给人畜带来残毒危害。因此，根据生理性病害的发病特点，准确及时的诊断鉴定，是生理性病害防治工作的前提。

一般来说，生理性病害与病原性病害在外观上差异较大。但在有些情况下，二者又很相似，特别是在发病初期，有些生理性病害与病原性病害很难区分。在这种情况下，可从以下几个方面综合考虑进行区分。

第一，看“病原”。生理性病害的病原，是指影响作物正常生长发育的非生物因素，如水分、温度、营养元素、光照、有害物质和农药使用等，这些因素可引起作物的萎蔫、烂根、灼伤、冷害、营养不良和药害等病害。生理性病害没有病原菌，不相互传染，把有病组织与健康组织接触后，不会引起新的病株出现。而病原性病害的病原，是指以作物为寄生对象的有害生物，主要有真菌、细菌、病毒、类菌原体、线虫和寄生性种子植物，通称为“病原物”。病原性病害能在植株间相互传染，故又称为病理性病害。

第二，看发病过程。生理性病害一般表现为在一定程度上成片、成块均匀发生，无发病中心，相邻植株的病情差异不大；发病时间多数较为一致，往往有突然发生的现象；病斑的形状、大小、色泽较为固定，多数是整个植株呈现病状，且在不同植株上的分布比较有规律。而病原性病害具有传染性，病害轻重不一，由一个或几个发病中心向四周扩展蔓延，离发病中心较远的植株病情较轻，相邻病株间的病情也存在差异；病情有轻、中、重的变化过程，病斑在初、中、后期的形状、大小、色泽会发生变化，在田间可同时见到各个时期的病斑；除病毒、线虫及少数真菌、细菌病害外，同一植株上病斑在各部位的分布没有规律性，其病斑的发生是随机的。

第三，看病征特点。生理性病害只有萎蔫、烂根、灼伤、坏死、畸形等病状，没有病征。而病原性病害除病毒和类菌原体病害外，其他传染性病害除有变色、坏死、腐烂、萎蔫和畸形等症状外，还有病征，如细菌性病害在病部有脓状物，真菌性病害在病部有锈状物、粉状物、霉状物、棉絮状物等。

第四，看环境条件。病原性病害与土壤类型、特性大多无特殊关系，一般在低温、弱光、湿度大的环境条件下多发或重发，植株群体郁蔽时更易发生，土壤肥力水平高有多发的倾向。生理性病害除与地上部温度、湿度、光照等有一定的关系外，与土壤类型、特性及温度、湿度、营养成分等关系更大，不同肥力的土壤生理性病害都可发生，但以瘠薄土壤多发；北方土壤 pH 值偏高不易缺钼，而南方酸性土壤则易缺乏钼元素；土壤含水量不稳定，忽高忽低，容易引发缺钙，导致脐腐病、心腐病、芹菜茎裂病等生理病害；土壤长期积水可导致植株缺钾。某种营养元素缺乏，则会导致缺素症。

在诊断鉴定时还应注意，蔬菜病毒病常见的症状是花叶、黄化、矮化、皱缩、畸形，也没有病征。此外，病毒病的病株多分散、零星发生，也没有规律性。这些特点与生理性病害较为相似，因此，生产上要特别注意病毒病与生理性病害的区别。

二、棚室蔬菜生理性病害常见症状

为满足不同季节人们对蔬菜的需求，保护地栽培成为蔬菜生产必不可少的一部分。但保护地蔬菜生产过程中，不适宜蔬菜生长的环境条件远比露地栽培条件下严重得多，蔬菜生长常出现受阻现象，使蔬菜出现各种障碍。

1. 沤根或烧根

二者都属于管理不善引发的生理病害，主要发生在苗期。

发生沤根的植株，根部发锈，表皮腐烂，不长新根，幼苗变黄、萎蔫。植株发生沤根的主要原因是床土过湿、地温过低，另外营养土配制不良、黏土过多、透气性差等也可能导致植株发生沤根。防治方法是配制合理的营养土，达到疏松、肥沃、无病虫害；采用电热温床育苗，提高地温，苗床要多见光，促进生根。

烧根的主要表现是根尖发黄，不长新根，但根不腐烂。主要原因是施肥过多，土壤干燥，施用未腐熟的粪肥。防治方法是在配制营养土时，少用或不用化肥，不施未腐熟的粪肥。如果发生烧根，宜多浇水，降低土壤溶液的浓度。

2. 萎蔫

萎蔫即植物细胞因缺乏水分而不能维持正常的生长状态，表现出“叶片耷拉”“茎秆无力”。萎蔫分为两种：一种是暂时萎蔫，即因蒸腾失水量暂时大于根系吸水量引起，当蒸腾速率降低后，植株又恢复正常，此后不影响正常生长。另一种是永久萎蔫，即蒸腾速率降低以后，吸收的水分仍不能满足植株生长，植株不能恢复正常生长，最终干枯死亡。

造成萎蔫的原因：一是水分散失过快，二是水分吸收不良或运输受阻。当棚室内空气湿度小时，空气过于干燥，水分蒸发散失快，会出现萎蔫现象。冬春季连阴数天后突遇晴天，蒸腾作用突然加剧，植株水分散失过快，出现“闪秧”，严重时会导致全棚枯萎死亡。冬季发生冷害时会导致萎蔫死棵。蔬菜进入开花结果期，晴天高温，放风量大，叶面蒸腾快，部分根系较弱的植株开始萎蔫，严重失水时则整株枯萎死亡。根部因沤根、烧根、根部病害、地下虫害等受损，水分吸收必然受到影响，也会出现蔬菜萎蔫。

棚室蔬菜发生萎蔫后可采取“拉花苫”和叶面喷清水等措施，缓慢调节水分吸收与散失的平衡。同时要注意温度和湿度管理，使棚室保持适宜的温湿度范围。

3. 花打顶

“花打顶”又叫“花抱头”或“顶花”，是棚室瓜类蔬菜常见的一种生理障害，尤以黄瓜最为多见。

“花打顶”的主要症状是：植株生长点不能正常伸长，生长点附近的节间缩短，没有心叶形成，多个节间的雌花、雄花簇生在一起，聚成花疙瘩，顶梢由花芽封顶，形成了“花打顶”的现象。“花打顶”多发生在结果初期，对产量和品质影响很大。

“花打顶”通常可以分为三种类型：

①发育失调型。由于前期温度低，且昼夜温差大，植株因营养生长受到抑制而生殖生长过快，很容易出现“花打顶”。

②伤根型。棚内高温干旱，尤其是土壤干旱时，由于肥料过多、水分不足而导致烧根，或者土壤过湿，但气温和地温偏低，造成沤根，都容易形成“花打顶”。

③生理性缺肥型。土壤条件不适，根系活动弱，吸肥困难，也会出现“花打顶”。

4. 落花落果

棚室蔬菜由于其栽培环境的特殊性，在开花结果的过程中落花落果极为普遍，尤其是茄果类蔬菜如番茄、辣椒、茄子等落花落果现象非常严重，是造成减产的主要因素。

造成落花落果的主要原因是蔬菜在花芽分化期受到不良环境的影响。对于温室大棚蔬菜来说，通常是因低温寡照或者是高温等逆境造成的，如设施栽培中光照不足，温度偏低（低于12℃～15℃），影响授粉，果实易脱落，在阴雨天表现尤为突出。此外，栽培密度过大或氮肥施用过多，造成植株徒长，花、果得不到足够的营养，会引起花和果实脱落。

加强光温肥水管理和合理使用生长调节剂等措施，可以有效控制落花落果的发生。其中最有效的措施是使用植物生长调节剂，即通常所说的激素处理。

5. 裂果

瓜果类蔬菜如番茄、黄瓜、西葫芦、西瓜等，如果管理不当都会出现开裂，形成裂果。

果实开裂多发生于果实生长的中后期，一旦发生裂果，果实即失去商品价值，并引起病虫害的发生。裂果程度主要与下列因素有关：一是与品种生理特性有关，品种的果型大小、果皮厚度、细胞紧密度、果皮发育质量都会影响到果实裂果，如西瓜皮薄且皮脆的品种裂果较重；二是与土壤水分急剧变化有关；三是与营养失衡有关；四是与栽培管理措施有关。生产上管理好的温室大棚植株生长旺盛，营养生长和生殖生长比较协调，裂果少；植株生长差，茎叶、根系、植株营养状况不良，采收后期裂果就多。

夏季高温、烈日、浇水不均等不利条件都会引起裂果。在果实发育过程中，前期土壤干旱，果实内的水分因叶面大量蒸发散失，表皮生长受抑，这时突然灌水过量，果皮生长赶不上果肉组织膨大产生的膨压，致果面发生裂口，若水分过多，裂口会增大和加深。因此，果实膨大期土壤干湿变幅大是发生裂果的重要原因。此外，烈日直射果面，果面温度升高或果实成熟过度，果皮老化也会发生裂果。

6. 畸形果

畸形果是果菜类蔬菜中常见的一种生理性病害。棚室蔬菜畸形果在冬春寒冷季节发生较多。不同蔬菜的畸形果表现不同。如番茄的畸形果，从形态上看有异形果、尖嘴果、瘤状果和脐裂果等；黄瓜表现为弯曲瓜、尖嘴瓜、细腰瓜、大肚瓜等畸形瓜条；甜椒则表现为果实个头小，果形扁圆像是铁饼，里面几乎无种子或种子发育不良。

引起畸形果的主要因素：一是花芽分化时温度偏低；二是光照不足；三是肥水管理不当，蔬菜生长过程中营养供应不均衡；四是植物生长调节剂（即激素类药物）使用不当。以番茄为例，一般在栽培过程中氮肥施用过多，导致花芽过度分化，心室数目增多，造成多心室畸形果；2，4－D或番茄灵蘸花时，浓度太高或重复蘸花会引发尖嘴果。

防止畸形果，从蔬菜定植后就要做足措施，培育壮棵，保证其正常的花芽分化。一是要调控棚室环境，促其快速缓苗。二是要适当蹲苗，定植后半个月原则上不需要施用肥料，生长较弱时，可施用激抗菌968苗期冲施肥、阿波罗963养根素等，促进根系发育，满足生长需求。三是要养根防病，蔬菜缓苗后莫急着覆盖地膜，要加强划锄，增加土壤透气性，促进根系发育。为防死棵，可在划锄后用普力克600倍液加金雷800倍液灌根一次防根部病害。

7. 叶片黄化

导致蔬菜叶片黄化的原因有很多种，其中最主要的原因是某种养分供应失调（营养缺乏或营养过剩），冬季低温障害和肥害也会造成叶片黄化，病毒病等病害有些症状也表现为叶片黄化。

不同原因造成的叶片黄化，其表现症状也不一样，生产上一定要仔细观察分析，准确判断，才能对症采取相应的技术措施。以黄瓜为例，缺氮时，下部叶呈鲜米黄色；缺钾时，中下部叶片离叶主脉较远的叶缘黄化，两主脉之间的叶肉呈黄白色；缺镁时，叶脉间叶肉失绿黄化呈深米黄色，叶缘下垂呈伞状；缺铁时，顶端新叶呈鲜黄色，而老叶仍保持绿色；缺锌时，顶端新生叶小，叶脉间失绿呈淡金黄色；缺硼时，上部叶片叶脉黄化萎缩，叶片外卷畸形，叶缘不规则褪绿呈细线状并逐渐变为褐色；氮过剩会抑制对铁、镁的吸收，导致整株叶片黄化呈淡铁锈黄色；磷过剩时，新生叶小而厚，自叶缘大面积向内褪绿黄化呈米黄色；低温障碍轻微者，黄瓜叶片出现黄化，较重者会出现外叶枯死；施肥过量造成肥害较重时，黄瓜叶片大叶脉之间出现不规则条斑，呈黄绿色或淡黄色；黄瓜感染花叶型病毒病，新叶为黄绿相间的花叶，病叶小且皱缩；黄瓜感染黄化型病毒病，中、上部叶片叶脉间出现褪绿色小斑点，后发展成淡黄色，或全叶变鲜黄色，叶脉仍保持绿色；某些农药使用不当，也会引起叶片黄化，表现为叶片失绿畸形，叶缘干枯黄化，叶片有斑点或枯斑。

叶片黄化使光合作用受阻，严重影响产量和效益。防治叶片黄化应针对不同原因采取相应措施。低温、施肥不当等生理原因引起的叶片黄化，应加强光温和水肥管理，改善蔬菜生长环境；营养失调引起的叶片黄化，应合理施肥，调整土壤中营养元素比例，必要时根外追肥补充营养元素不足；病害引起的叶片黄化，要科学合理选择和使用农药预防和防治；药害引起的叶片黄化，可及时喷洒清水或用弱碱性水淋洗。

8. **叶片卷曲**

叶片卷曲是蔬菜应对不良环境或生物危害所作出的生理性反应。

高温和低温都会发生卷叶。如番茄遇持续35℃以上的高温，植株叶片水分蒸腾加快，根系水分输导速度跟不上叶片蒸腾速度，很容易造成叶片表面脱水性向上卷叶。当温度持续低于10℃以下时，叶肉细胞就会受到寒害，叶片向下弯曲，直至叶肉细胞结冰白化。

施肥过量也会引起卷叶。如蔬菜生长期追肥过量时，土壤局部肥料浓度过高，造成根系烧伤和叶片叶缘枯斑性卷叶。

此外，病毒病也会出现卷叶。但一般情况下，病毒病引起叶片卷缩只发生于顶部新叶，下部老叶不易受害，而生理性叶片卷缩会发生在整个植株的叶片上，以此可作区别。

9. **灼伤**

多发生于茄果类和瓜类蔬菜，主要危害果实，有时也会伤害叶片。发生日灼时，果实向阳面出现褪色发白的病变，后略扩大，呈白色或浅褐色，皮层变薄，组织坏死，干后呈革质状，以后易引起腐生真菌侵染，出现黑色霉层；灼伤后空气湿度大时，还易引致细菌侵染而发生果腐。发生叶烧后，轻则叶尖或叶缘变白、卷曲，重则整个叶片变白或枯焦。

三、引起棚室蔬菜生理病害的发病因素

蔬菜的生理性病害是由非生物因子如营养、水分、温度、光照和有毒物质等引起的，这些非生物因子阻碍了蔬菜的正常生长而表现出不同的病症。大多数蔬菜对不利环境条件有一定适应能力，但不利环境条件持续时间过久或超过蔬菜的适应范围时，就会严重干扰和破坏蔬菜正常的生理活动，导致病害发生，甚至死亡。

引起棚室蔬菜生理性病害的因素多种多样，而且互相制约，关系十分复杂。但从大的方面来说，大体可归纳为两大类：

第一类是营养元素失调导致的蔬菜生理病害，包括缺素症和元素过剩症。营养元素缺乏症是指当蔬菜缺乏一种或者几种元素，并达到一定程度时，会在形态上表现出非正常的症状，如失绿、现斑、畸形等。而营养元素过剩会使蔬菜的细胞原生质破坏，不仅杀伤细胞，而且会抑制蔬菜对其他必需元素的有效吸收，从而出现营养元素失调，产生各种生理病害。营养元素过剩常见症状有叶片呈深绿色、柔软，茎伸长而且分蘖增加，根尖

端死亡等。

第二类是因包括温度、湿度、光照、气体等管理失控导致的蔬菜生理性病害，以及因肥料、农药或植物生长调节剂使用不当导致的肥害、气害、药害等。温度过高可引起某些器官或组织灼伤，如番茄、辣椒的日灼病；温度过低，如春季的倒春寒可使一些不耐寒的幼苗不发根，地上部停止生长；土壤湿度过大，会使根系因根围缺氧而窒息，或产生二氧化碳及其他有毒物质，造成根部中毒或死亡；光照不足会导致植株徒长，组织脆弱，抗性降低；光照过强并伴有高温易引起日灼病。另外，在蔬菜栽培管理中，肥料和用于防治病、虫、草的各种农药或植物生长素，如浓度过大、使用时期不合理、使用间隔时间短或重复使用等，常会使作物受害，引起叶片变色、枯焦，植株凋萎，落花、落果，器官畸形等。如番茄用2，4－D蘸花，浓度过高时会使叶片变成鸡爪状的畸形叶。

实质上，在温室栽培尤其是冬季低温栽培中，各种生理性病害的发病原因主要是低温、寡照，特别是低地温。因地温低，致使作物发根量少，扎根浅，根系老化，根系活性低，生理功能失调而诱发病害。此外，错误的管理方法恶化了温室的栽培环境，造成土壤板结、土壤溶液浓度高、土壤中严重缺氧等，这些综合因素是诱发各种生理性病害发生的原因。

第二章
土壤营养失调的诊断与防除

蔬菜生长发育离不开16种必需的营养元素，只有这些必需元素供应数量充足而且比例协调，才能保证蔬菜正常生长发育。某种或某几种元素供应不足或过剩都会对蔬菜生长产生不利影响，导致蔬菜产量下降和品质降低。设施蔬菜生产中常常出现某种营养元素缺乏或过剩的生理性病害，弄清这些生理病害的产生原因及症状，熟悉其防治措施，有利于提高蔬菜的产量和品质。

一、蔬菜营养缺乏及防除

蔬菜缺少任何一种必需营养元素，都会产生相应的营养缺乏症。由于不同部位和组织所需元素不同，症状表现出的特点和规律也会在部位和形态上有区别。一些容易移动的元素如氮、磷、钾及镁等，当植株内呈现不足时，就会从老组织移向新生组织，因此这些元素的缺乏症最初总是在老组织上出现；相反一些不易移动的元素如铁、硼、钙、钼等，其缺乏症则首先在新生组织出现。铁、镁、锰、锌等直接或间接与叶绿素的形成或光合作用有关，缺乏时一般会出现失绿现象；磷、硼等与糖类的转运有关，缺乏时，糖类容易在叶片中滞留，从而有利于花青素的形成，使茎叶带有紫红色泽；硼和开花结果有关，缺乏时花粉发育、花粉管伸长受阻，不能正常受精，会出现“花而不实”；而新生组织如生长点萎缩、死亡，则是由于缺乏与细胞膜形成有关的元素钙、硼，使细胞分裂过程受阻所致；畸形小叶（小叶病）是因为缺乏锌使生长素形成不足所致等。这种外在表现与内在原因的联系是形态诊断的依据。

蔬菜缺素在外观表现上有时与蔬菜病害有相似之处，特别是在发病初期症状非常接近，菜农常常把缺素症当作病害处理，不仅延误补救时机，还降低了蔬菜品质。有些营养元素的缺乏症状很相似，也容易混淆，例如缺锌、缺锰、缺铁和缺镁的主要症状都是叶脉间失绿，这就需要根据各元素缺乏症状的特点来仔细辨识。

辨别元素缺乏症状有三个着眼点，即叶片大小和形态、失绿部位和反差强弱。

①叶片大小和形态：缺锌的叶片，顶端向上直立呈簇生状。缺乏其他元素时，叶片大小正常，没有小叶出现。

②失绿部位：缺钙、缺锰和缺镁的叶片只有叶脉间失绿，叶脉本身和叶脉附近部位仍然保持绿色；而缺铁叶片只有叶脉本身保持绿色，叶脉间和叶脉附近全部失绿，因而叶脉形成细网状。

③反差强弱：缺镁、缺锌时，失绿部分呈浅绿、黄绿至灰绿，叶脉附近仍保持原有绿色，绿色部分与失绿部分相比，颜色深浅相差很大；缺铁时，叶片几乎成灰白色，反差更强；而缺锰时反差很小，是深绿和浅绿色的差异，有时要迎着阳光仔细观察才能发现。

蔬菜出现某种元素缺乏，除了因为该种元素的土壤供应水平低之外，还可能受其他元素的存在状态和供应水平影响，同时受到病虫害和不良环境条件的影响。事实上，在温室大棚里，缺素的根本原因一般在于根系和土壤。如土壤盐渍化，大量使用化肥造成矿质元素之间的相互抑制吸收；作物根病或不生新根、土壤干旱或低温、肥大烧根、水大沤根等，都能抑制元素的吸收。因此，对缺素症状必须全面分析，综合治理，一般应采取上喷下灌的方式，根系消毒、生根养根、补充所缺元素三个方面相互结合，才能达到防除营养缺乏症的目的。

1. 氮素不足

氮素是土壤中最活跃的元素。一方面，蔬菜是喜氮作物，棚室菜田中的氮素被蔬菜大量吸收利用参与蔬菜的各种生命活动；另一方面，菜田中的氮素会以氨、氧化亚氮和氮气的形式挥发损失，或者以亚硝酸根和硝酸根的形态随灌溉水而流失。因此，如果施肥跟不上，吸氮量大的蔬菜就容易出现氮素缺乏症。

（1）症状（图 2－1）

大多数蔬菜具有相似的典型缺氮症状，即植株矮小，叶色浅而薄，而且老叶先于幼叶表现出失绿症状。缺氮严重时，全株呈黄白色，老叶死亡，幼叶停止生产，腋芽枯死呈休眠状态；茎秆多木质，分蘖分枝少；根受抑制后也表现为较细小而短；花、果实发育迟缓，籽粒不饱满，严重时落果，不正常早衰或早熟。缺氮症状常与低温影响相似，而且温度偏低时蔬菜对氮的吸收也较慢，生产上应注意区别。

不同蔬菜缺氮后的表现也不同。黄瓜缺氮：叶片薄而小，黄化均匀，不表现斑点状，幼叶生长缓慢；黄化先从下部老叶开始，逐渐向上发展；植株矮小，长势弱，生长变慢；茎细弱发硬，花小，花果严重，果实短小，畸形果增多。缺氮严重时，叶片上叶脉凸起，整个植株黄化，不能坐果。

番茄缺氮：植株生长缓慢，呈纺锤形，初期老叶呈黄绿色，后期全株呈浅绿色，叶片狭小而薄，花序外露，俗称“露花”；叶脉由黄绿色变为深紫色；茎秆变硬，呈深紫色，富含纤维；果实变小，富含木质。

辣椒缺氮：生长缓慢，生长势弱，植株矮小，分枝直立性差，植株开张角度加大；叶片细小、直立，与茎的夹角小；叶色淡绿，严重时呈淡黄色，失绿均一，且从老叶开始，逐渐向上部叶片发展；根系细长，果实稀少。

茄子缺氮：植株矮小；叶片小而薄，下位叶淡绿色，老叶黄化，严重时干枯脱落；花蕾停止发育并变黄；果实小，易出现畸形。

西葫芦缺氮：植株生长缓慢，呈矮化状；叶片小而薄，黄化均匀，不表现斑点状；从下部老叶开始黄化，逐渐向上部叶发展，幼叶生长缓慢；化瓜现象严重，畸形瓜增多。

莴苣缺氮：叶片呈黄绿色，生长缓慢，严重缺氮时老叶呈浅绿色，最后腐烂；缺氮后其产量和品质明显降低。

大白菜、甘蓝等缺氮：包心延迟或不包心。

芹菜缺氮：植株生长缓慢，从外部叶开始黄白化至全株黄化；新叶变小，老叶变黄、干枯或脱落；易发生叶柄空心、老化，降低品质。

洋葱缺氮：症状出现较早，叶少而且窄小，叶色浅绿，叶尖先呈牛皮色，逐渐全叶变成牛皮色。

（2）原因

①土壤有机质含量低，有机肥、氮肥施用量少，土壤供氮不足。

②底施大量未腐熟的有机肥，或在改良土壤时施用稻草等秸秆过多，其分解过程中夺取了土壤中的氮。

③土壤沙性强，质地粗糙，土壤保肥能力差。

④灌水量过大，造成土壤中氮素流失。

⑤果实收获量大，从土壤中吸收氮素多而追施氮素不及时。

⑥根系活力减弱，尤其是生长后期根部活力衰退，吸收氮量减少，均容易出现缺氮症状。

（3）防治方法

棚室蔬菜施肥要施足优质腐熟的厩肥或堆肥作基肥，并要适量增施氮素化肥。蔬菜一旦发生氮素缺乏症状，可以施肥补救，但要注意一次施肥量不宜过大。补充氮素有根部和叶面施肥两种方法。根部追肥见效慢，但肥效长，可以在适宜范围内多追施一些，防止以后再度缺氮。叶面施肥效果快，施肥后较短时间内就可以消除或缓解氮素缺乏症，但不能从根本上解决土壤氮素供应不足的问题。如果蔬菜生育前期发生氮素缺乏症，应在进行叶面施肥的同时结合根部追肥，所用肥料种类要因环境温度而异，在低温期宜选用硝铵等硝态氮肥，高温季节则选用碳铵等铵态或尿素等酰铵态氮肥。叶面施肥可以用0.2%～0.5%的尿素水溶液，一般隔1周喷一次，连续喷2～3次。

2. 磷素不足

一般蔬菜对磷的吸收量低于对氮和钾的吸收量。但是，由于土壤中磷的有效形态极易被固定而变成难溶形式，也易产生磷素缺乏症。

（1）症状（图2－2）

蔬菜典型的缺素症状常表现在叶部，缺磷也是如此。有些蔬菜缺磷，叶绿素浓度提高，叶色深绿；有些蔬菜沿叶脉呈红色。另外，缺磷时蔬菜须根不发达，营养生长和生殖生长受到不同程度的抑制。成熟蔬菜植株中有50%的磷素集中于种子和果实中，故缺磷的蔬菜果实小、成熟慢，种子小或不成熟。

番茄缺磷：早期叶背呈紫红色，叶肉组织开始呈斑点状，随后则扩展到整个叶片上，叶脉逐渐变为紫红色，叶簇最后也呈紫红色；茎细长且富含纤维，果实少，易开裂。低温会影响磷的吸收，所以低温是番茄缺磷的间接原因。由于缺磷时影响氮素吸收，植株后期会出现卷叶现象。

黄瓜缺磷：黄瓜对磷的吸收主要在前期。若植株缺磷，植株矮化；叶小，叶片呈深绿色；叶片僵硬，叶脉呈紫色；果小而少，果实畸形呈镰刀状，色深。尤其是底部老叶表现更明显，叶片皱缩并出现大块水浸状斑，并逐渐变褐干枯，叶片凋萎。

辣椒缺磷：各种代谢受到抑制，植株生长缓慢，株形矮小瘦弱；根系发育不良，延迟成熟；叶片呈暗绿色，缺乏光泽；严重缺磷时，植株体内糖类物质相对积累形成花青素，致使植株茎叶出现明显的紫红色条纹和斑点。

茄子缺磷：茎秆细长，纤维发达，叶片变小，颜色变深，叶脉发红；缺磷植株则不形成花芽或花芽形成显著推迟，着生节位明显上升，直接影响产量构成。

西葫芦缺磷：植株矮化；叶片小而僵硬，颜色暗绿，叶片平展并微向上挺；老叶有明显的暗红斑块，有时斑点变褐色，易脱落。

芹菜缺磷：植株生长缓慢；叶片变小但不失绿，外部叶逐渐开始变黄，但嫩叶的叶色与缺氮症相比，显得更浓些，叶脉发红，叶柄变细，纤维发达，下部叶片后期出现红色斑点或紫色斑点，并出现坏死斑。

大白菜缺磷：表现为生长缓慢，老叶发黄，中间叶深绿色。

结球莴苣缺磷：结球迟，呈莲座叶状，严重时老叶死亡。

结球甘蓝和花椰菜缺磷：叶背面呈紫色。

洋葱缺磷：多表现在生长后期，一般生长缓慢，干枯和老叶尖端死亡，有时叶部表现为绿黄同褐色间有花斑点。

（2）原因

①农家肥施肥量小，磷肥用量少，易发生缺磷症。

②地势低洼、地下水位浅、排水不良会使磷的活性大大降低，导致速效磷不足。

③连年种植的温室土壤已经酸化，酸性土壤中磷容易被铁和镁固定而失去活性，从而发生缺磷。

④低温持续时间长。地温低会严重影响磷的吸收。

⑤氮肥施用过多会阻碍植株对磷的吸收。

（3）防治方法

蔬菜有两个时期对磷素比较敏感，一是幼苗期，二是果实和种子成熟期。蔬菜生长初期吸收的磷素占全生育期的2/3，防止缺磷应从蔬菜生长初期就要补充。因为磷在蔬菜体内的再利用能力很强，植株在营养生长阶段吸收的磷素，有相当大一部分可供给形成果实和种子之用，如果到生育后期补充磷肥则效果很差。

育苗期及定植期要注意施足磷肥。磷肥宜作底肥早施用，定植时将磷肥（酸性土壤宜用钙镁磷肥，碱性到中性土壤最好施过磷酸钙，酸性到中性土壤最好选用高浓度的磷铵）与约10倍的有机肥混合使用，可以大大减少磷被土壤固定的机会。生长期补磷主要有叶面喷施和土壤追肥两种方式。一般在土壤全磷含量高、有效性差、磷素固定很严重的情况下，叶面施肥的效果要好于土壤追肥，一般用0.2%～0.3%的磷酸二氢钾溶液或0.5%过磷酸钙浸出液，每隔7～10天喷一次，连喷2～3次，就可以迅速消除或缓解缺磷症状。但在土壤全磷和有效磷含量均很低的情况下，以叶面施磷肥作为临时性补救措施的同时，还应向土壤中增施磷肥，方法是将过磷酸钙与优质有机肥按1∶1的比例混匀后在根部附近开沟追施。

3. 钾素不足

我国北方土壤成土母质中钾素比较丰富，但蔬菜是喜钾作物，长年不重视施用钾肥和有机肥料的施用量少，也会使土壤钾素呈现入不敷出的情况，菜田土壤钾素亏缺的程度近年来不断加剧。

（1）症状（图2－3）

蔬菜缺钾最大的特征是叶缘呈现灼烧状，老叶尤为明显。缺钾初期植株生长缓慢，叶片小，叶缘渐变黄绿色，后期脉间失绿，并在失绿区出现斑块，叶片坏死。多数蔬菜对缺钾敏感，缺钾植株瘦弱且易感病。蔬菜生育初期对钾的需要量较少，但进入结果期或器官形成期后对钾的吸收量急剧增加，如果土壤不是严重缺钾，一般生育前期缺钾不明显，在蔬菜生长中后期才表现出来。

番茄缺钾：植株生长缓慢、矮小；幼叶小而皱缩，叶缘变为鲜橙黄色，脆而易碎，最后叶片变成褐色而脱落；茎变硬，木质化，不再增粗；根发育不良，较细弱，常呈现褐色；番茄产量降低，果实中维生素C、总糖含量降低，果实非正常成熟；番茄的抗病性降低，抗灰霉病、病毒病和晚疫病等病害的能力明显下降。

黄瓜缺钾：在生长早期叶缘出现轻微黄化，先是叶缘黄化，然后是叶脉间黄化，顺序很明显；在生育中、后期，中位叶附近出现和上述相同的症状，严重时叶缘枯死，随着叶片不断生长，叶向外侧卷曲，叶片稍有硬化；瓜膨大伸长受阻，比正常果短而细，容易形成尖嘴瓜或大肚瓜。

辣椒缺钾：主要表现在开花结果之后，开始下部叶尖出现发黄，然后沿叶缘的叶脉间出现黄色斑点，叶缘逐渐干枯，并向内扩展至全叶出现灼伤状或坏死状，严重时下部叶变黄枯死，大量落叶；果实变小、畸形，膨大受阻，坐果率低，产量下降。

西葫芦缺钾：植株生长缓慢，节间变短；叶片变小，叶色由青铜色逐渐向黄绿色转变，叶片卷曲，严重时叶片呈火烧状干枯，主脉下陷，叶缘干枯；果实的中部和顶部膨大受阻，易形成细腰瓜或尖嘴瓜。

洋葱缺钾：外部老叶尖端呈灰黄色或浅黄白色，随着叶片脱落，逐渐向内发展，干枯叶密生绒毛，呈硬纸状。

芹菜缺钾：外部叶缘开始变黄的同时，叶脉间产生褐色小斑点，初期心叶变小，生长慢，叶色变淡；后期叶脉间失绿，出现黄白色斑块，叶尖叶缘逐渐干枯，老叶出现白色或黄色斑点，斑点后期坏死。

（2）原因

①土壤缺钾容易发生在沙土和多年栽培的保护地土壤上。

②有机质含量低、钾肥施用量不足易出现缺钾症。

③地温低、日照不足、土壤过湿等条件，也会阻碍植株对钾的吸收。

④一次性追施铵态氮和尿素量较多时，铵态氮在土壤中积累，因铵离子对钾离子的拮抗作用而出现缺钾。

⑤干旱和高温能使缺钾症状加重。

（3）防治方法

防治蔬菜缺钾的措施主要是多施有机肥，并适量补充矿物钾肥。如土壤中速效钾含量低的绝对缺钾地块要增施钾肥，速效氮肥和磷肥施用量较高的情况下也要注重补充钾肥，防止氮、磷肥施用后造成钾素相对缺乏。对于番茄等需钾量大的蔬菜，在生长中后期果实膨大时还要追施钾肥，可从两侧开沟施入硫酸钾、草木灰后覆土，或随水冲施硫酸钾、硝酸钾肥料；也可叶面喷洒0.2%～0.3%磷酸二氢钾或1%草木灰浸出液2～3次，可以较快消除缺钾症状。

4. 钙素不足

蔬菜作物需钙量大，而且在整个生长过程中都不可缺少，缺钙会产生多种生理病害，导致产量下降、品质变劣。

（1）症状（图2－4）

钙在植物体内的移动性差，一般幼叶的含钙量少于老叶，因此缺钙症状常表现在新生组织上。温室大棚种植蔬菜时，由于土壤养分供给和多种环境因素的影响，缺钙现象发生比较普遍。钙是随着水分的吸收而进入植物体内，然后随着蒸腾输送到叶部，再由叶子的基部向叶缘分配，因此缺钙时叶缘先出现症状，表现为在叶片边缘出现比较均匀的黄边，并向叶内侧不断扩大；植株矮小，生长点萎缩，顶芽枯死，生长停止；幼叶卷曲，叶缘变褐色并逐渐死亡；根尖枯死，甚至腐烂；果实顶端出现凹陷、黑褐色坏死。番茄、甜椒缺钙的典型症状是产生脐腐病，芹菜是心腐病，大白菜、甘蓝是缘腐病（干烧心）。

番茄缺钙：初期幼叶正面除叶缘为浅绿色外，其余部分均呈深绿色，叶背呈紫色，叶片畸形并卷曲，后期叶尖和叶缘枯萎，生长点死亡。对产量损失最大的是因果实缺钙引发的脐腐病，主要危害幼果，发病初期在果实脐部出现水浸状病斑，逐渐变成黑色或暗褐色硬斑，严重时可扩展至半个果实；后期在潮湿条件下，病斑杂生腐霉菌，形成黑色或红色霉状物。番茄脐腐病在北方地区的早春设施栽培中发病较重。

辣椒缺钙：辣椒花期缺钙，株矮小。顶叶黄化，下部还保持绿色，生长点及其附近枯死或停止生长；后期缺钙，叶片上出现黄白色圆形小斑，边缘褐色，叶片从上向下脱落。辣椒缺钙同样会发生脐腐病，染病部位多在果顶部，初呈暗绿色水浸状病斑，后病斑扩大至半个果实，病斑皱缩、塌陷，常伴随腐生菌侵染而呈黑褐色或黑色，但不变软。当被软腐细菌侵染时，才软化腐烂。

茄子缺钙：植株生长缓慢，生长点畸形，幼叶叶缘失绿，叶片的网状叶脉变褐；有时也会发生脐腐病，但没有番茄、辣椒严重。

黄瓜缺钙：上位叶形状稍小，向内侧或向外侧卷曲，叶缘镶金边，叶间出现白色透明斑点；多数叶脉间失绿，主脉尚可保持绿色；植株矮化，节间短，顶部节变短明显，新生叶变小，呈“降落伞状”，也可向上卷曲呈匙或勺状，后期这些叶片由边缘向内干枯；严重缺钙时，叶柄变脆，易脱落，植株从上部开始死亡，死组织灰黑色；花比正常的小，果实也小，风味差。

西葫芦缺钙：植株上部叶稍小，向内侧或向外侧卷曲；生长点附近叶片的叶缘卷曲枯死，呈降落伞状；上部叶的叶脉间出现斑点状黄化，严重时叶脉间组织除主脉外全部失绿变黄或坏死。

大白菜缺钙：外叶生长正常，近新叶的部位或叶片的边缘干枯；在结球前，首先叶边缘呈水浸状，然后进一步发展为淡褐色，严重时叶片内曲，叶柄部分褐变；在结球后，发病症状主要是心腐，且有干腐和湿腐之分，干腐即干烧心，叶肉呈干纸状，病健组织区分明显，湿腐即腐烂，类似于软腐。结球甘蓝缺钙的症状同大白菜。

芹菜缺钙：主要表现在生长点上，生长点的生长发育受阻，中心幼叶枯死，生长点附近心叶的顶叶叶脉间发生白色到褐色斑点，斑点逐渐扩大而相连，叶缘枯死，称为芹菜心腐病。

莴苣缺钙：生长受抑制，幼叶畸形，叶缘呈褐色到灰色，并向老叶蔓延；严重时幼叶从顶端向外部死亡，死亡组织呈灰绿色。

花椰菜缺钙：顶端叶生长发育受阻，畸形，靠近顶端的叶片出现淡褐色斑点，叶脉间变黄，从上部叶片开始枯死，花球发育迟缓，质量下降。由于缺钙，幼叶畸形似"爪"。

菜豆缺钙：顶端的叶片表现为淡绿或淡黄色，中下部叶片下垂，呈降落伞状，果实不能膨大。

（2）原因

北方土壤一般不缺钙，但棚室连续多年种植蔬菜，过量施用氮、钾肥，使土壤溶液浓度急剧增高，尤其在土壤缺水的情况下，由于离子的拮抗作用会影响钙的吸收，导致蔬菜缺钙。蔬菜缺钙的原因大概有四个方面：

①蔬菜体内钙素的移动性差，致使钙素含量从老组织到幼嫩组织逐渐降低，这是蔬菜缺钙的生理原因。这种原因导致的缺钙症状首先表现在幼嫩组织上。

②土壤缺钙。一般认为土壤中钙的含量低于1.5～2.5毫克/克就易导致蔬菜出现钙素缺乏症。

③氮肥过量施用。氮与钙之间存在拮抗作用，从而降低了土壤中钙的有效性。

④蔬菜钙素吸收障碍。由于各种不良的气候和土壤环境条件，导致蔬菜在富含钙素营养的土壤中吸收不到足够的钙素。例如土壤中的铵离子、钾离子和镁离子含量过高，都会抑制蔬菜根系对钙离子的吸收；土壤酸性强，也会影响土壤中钙的有效性。

（3）防治方法

防治蔬菜缺钙的措施因缺钙的原因而定。首先应施用基肥补钙，一般应在施用腐熟有机肥的基础上，再加入过磷酸钙30～50千克。对土壤酸化（即缺钙较重）的土壤可以增施生石灰，生石灰的施用量依土壤类型、酸碱度、蔬菜种类而定，一般每667平方米用量40～80千克较为适宜。当蔬菜吸收钙素有障碍时，一般采用钙质元素的液体肥料进行叶面喷施，常用1%的过磷酸钙浸出液，或0.3%～0.5%硝酸钙溶液，或0.1%的螯合钙，或活力钙800～1 000倍液，每7～10天喷施一次，一般喷2～3次。叶面喷钙要掌握在蔬菜对钙敏感或易产生缺钙症的时期，如大白菜在开始进入结球期时较为适宜。

5. 镁素不足

（1）症状（图2－5）

镁是蔬菜叶绿素中的唯一代谢成分，缺镁最显著的特点是叶片脉间失绿，而且小的侧脉也失绿。一般是下位叶褪绿黄化，叶脉仍保持绿色，有时叶片还伴有橘黄、紫红等杂色，并向脉间发展，严重时老叶枯萎，全株呈黄色。与缺钾的区别是缺镁褪绿倾向黄白化或白化；与生理衰老叶片的区别是缺镁叶脉不褪绿，病叶保持鲜活时间较长，而生理衰老叶片通常均匀黄化，叶脉、叶肉同步褪绿，且多呈枯萎状态而缺少鲜活感。由于形成果实时需镁较多，因此缺镁症常在生育中后期出现，而且往往在果实附近的几张叶片首先出现。

茄子缺镁：较为多见。症状首先出现在下部老叶上，先是叶尖表现症状，继而叶片中脉附近的叶肉失绿黄化，并逐渐扩大到整个叶片，而叶脉仍保持绿色，以后失绿部分逐渐转变为黄色或白色，严重时叶脉间会出现褐色或紫红色坏死斑。

番茄缺镁：老叶的小叶边缘出现失绿斑，并向叶中部发展，末梢也失绿，黄化逐渐由植株基部向上部发展；生育后期除叶脉外整叶都已经黄化，失绿叶片上出现许多不下陷的坏死斑点；缺镁严重时老叶死亡，全株黄化。

辣椒缺镁：常始于结果期，叶片沿主脉两侧黄化，逐渐扩展到全叶，唯主脉、侧脉仍保持清晰的绿色。甜椒缺镁常始于叶尖，逐渐向叶脉两侧叶肉部分扩展。辣椒上所结的果实越多缺镁现象越严重。一旦缺镁则光合作用下降，果实小，产量低。

黄瓜缺镁：生育期提前，果实开始膨大并进入盛果期的时候，下部叶叶脉间的绿色渐渐变黄，并从边叶向内发展；缺镁严重时，失绿发生迅速，包括小的侧脉也失绿，但主脉仍为绿色。缺镁症状从老叶向新叶发展，最终全株黄化。

西葫芦缺镁：植株下部叶叶脉间由绿逐渐变黄，最后除叶脉、叶缘残留绿色外，叶脉间全部黄白化。病症由下部老叶逐渐向幼叶发展，最后全株黄化。有时还表现为在叶脉间出现较大的凹陷斑，最后斑点坏死，叶片萎缩。

甘蓝缺镁：生长前期下部老叶失绿，并在上部产生斑点皱缩；严重时，斑点表现明显，斑块呈白色或浅黄色，叶片逐渐死亡；极度缺镁时，叶缘的黄白色斑块变成褐色。

胡萝卜缺镁：叶呈浅绿色，叶尖为浅黄色或褐色，而且缺镁植株都很矮小。

（2）原因

导致蔬菜缺镁的原因，主要有土壤缺镁和镁吸收障碍两种。

①在阳离子代换量较低的酸性土壤上或在含钙较高的碱性土壤上，代换性镁不被土壤胶体所吸附，会在灌水过程中淋洗掉，易造成土壤供镁不足。

②长期不施用镁肥，造成镁元素日益匮乏，会发生缺镁。

③镁吸收障碍也会使蔬菜缺镁，如低温会抑制根系对镁的吸收，土壤干燥或土壤溶液浓度过高会抑制根系吸收水分，从而进一步影响根系对镁的吸收。

④蔬菜对钙、镁这两种元素的需要相同，土壤溶液中可代换性镁比钙少25%～50%，所以缺镁比缺钙更普遍。

⑤镁和钾两种元素在物质代谢中存在一定的关系，施钾量充足时，蔬菜生长加快，土壤中的可溶性镁消耗增多，会造成镁缺乏。

⑥土壤低温，氮、磷肥过量，有机肥少，都会出现缺镁症状。

（3）防治方法

防止蔬菜缺镁的根本措施是增施有机肥，使土壤中镁处于容易被吸收的状态。对极度缺镁的土壤可以施用镁素化肥如硫酸镁等，每667平方米用量为10～20千克，对一些酸性土壤最好用镁石灰，每667平方米用量为50～100千克，同时要避免黄瓜、番茄等需镁量大的蔬菜连作。出现缺镁症状时，可以用0.1%～0.2%的硫酸镁溶液进行叶面追肥，每隔5～7天喷一次，共喷3～5次。

6. 硫素不足

（1）症状

蔬菜缺硫后蛋白质的合成受到抑制，幼叶会失绿呈浅黄色，生长受抑制，严重时全株呈黄白色。

黄瓜缺硫：生长受抑制，叶片细小，而且叶片呈浅绿至淡黄色，与缺氮相比较，老叶的淡黄色明显，幼叶叶缘有明显的锯齿状。

番茄缺硫：初期植株体形和叶片体积均正常，茎、叶柄和小叶叶柄渐呈紫色，叶片呈黄色，老叶上的小叶叶尖和叶缘坏死，脉间组织出现紫色小斑块，幼叶僵硬并向后卷曲，严重时这些叶片上出现不规则的坏死斑。

（2）原因及防治方法

棚室设施栽培条件下，很少出现蔬菜缺硫的情况。因为硫一方面可以随施肥（如硫酸铵）进入土壤中，另一方面灌溉水中含有的硫也会使土壤中硫素得到补充。但若长期施用无硫酸根的肥料，易导致植株上位叶及叶脉黄化，只要注意补充含硫酸根的肥料，缺硫症状即可得到迅速缓解。

7. 硼素不足

（1）症状（图2-6）

蔬菜缺硼，表现为顶端生长点停止生长，幼叶畸形、皱缩，叶脉间不规则褪绿；花而不实，子房脱落；根系少且粗短，生长缓慢。

蔬菜缺硼引起生长点萎缩和坏死，症状与缺钙十分相似，但缺硼时生长点呈干死状，而缺钙时生长点则呈腐死状，缺硼的叶片往往变得厚而脆，而缺钙的叶片则呈弯钩状而不易伸展，缺硼对花器官和结实的影响比缺钙严重得多。因此在田间诊断时要严加区分，更不能与病虫药害引起的症状相混淆。

番茄缺硼：植株发育受阻，生长点停止生长，周围叶片向里卷曲、发脆，叶子边缘开始失绿变黄，渐渐向内发展，最后全部变白死亡；茎弯曲，茎内侧有褐色木栓状龟裂；果实着色不良，果肩残留绿色并伴有坏死斑，有时还产生木栓化硬皮果。

黄瓜缺硼：生长点附近的节间明显缩短，生长点生长停止；根系不发达，上位叶叶缘向上卷曲，叶缘部分变为褐色，叶片展开慢，叶脉有萎缩，易出现细腰畸形瓜。

茄子缺硼：老叶发硬，新叶畸形，严重时顶叶变黄，生长发育受阻；果实受害显著，近萼部的果皮受害，果实内部变褐，易落果。

辣椒缺硼：辣椒对缺硼的反应不及番茄、黄瓜敏感。缺硼时，整个植株生长呈簇状，顶部叶片黄绿色，叶柄和叶脉硬化易折断，叶片扭曲或花蕾脱落；果实畸形，果面有分散的暗色干枯斑，果肉出现褐色下陷和木栓化。

菜豆缺硼：4 片复叶后开始发病，进入盛花期新叶失绿，叶肉出现浓淡相间的斑块，上位叶较下位叶淡，叶小、厚而脆；严重缺硼时，顶部心叶皱缩或扭曲，有时叶片局部呈褐色。

芹菜缺硼：起初沿着幼叶周边生出褐斑，严重时生长点附近变褐而枯死，叶柄出现纵裂，心叶变褐龟裂；茎和茎基部出现开裂缝，呈直或波状爆裂，还可引起茎横裂或空心；植株外层叶片易黄化，或引起腐烂。

花椰菜及青花菜缺硼：茎部及花球肥短花枝心部先呈水浸状迹象，继而变成锈褐色湿腐，有时横裂成空洞、裂面褐色，有时花球表面亦有水浸状以至锈褐色部分。

白菜缺硼：叶僵硬，表面凸凹不平、畸形，心叶的叶柄内侧发生裂痕变褐；结球时，幼叶叶柄内侧发生裂伤，伤口变褐色；较常见的是叶柄中脉变黑褐色，叶片严重萎缩，变粗糙。

胡萝卜缺硼：叶变赤紫色，中心叶黄化萎缩；根颈部生出黑色龟裂，发生丛生叶，主根心部与周围组织脱离。

萝卜缺硼：易产生糠心或心腐病。

（2）原因

蔬菜硼素缺乏程度，取决于土壤中硼的有效性及蔬菜对硼的吸收能力。硼在酸性土壤中呈可溶性状态，容易被吸收；在碱性土壤中呈不可溶状态，很难被吸收。在多钾、多铵、干燥的情况下或在土壤低温、多湿、根系发育不良的条件下，硼的吸收会受到阻碍，蔬菜也会出现硼素缺乏症。

（3）防治方法

增施有机肥料，在缺硼地块或栽种易患缺硼症的蔬菜时，可基施硼肥，但因为不同蔬菜作物对硼的需要量和对高硼的忍耐程度有较大的差异，所以施用硼肥应根据不同蔬菜种类严格控制用量，以免发生硼中毒症。作基肥时，一般每 667 平方米硼砂施用量以 0.3～0.5 千克为宜，并要与有机肥充分混匀后施用；作种肥时，一般以 0.01%～0.03% 硼酸或硼砂溶液浸种为宜；叶面施肥时，一般在苗期或初花前期每 667 平方米施用 0.02%～0.1% 的硼酸溶液或 0.05%～0.25% 的硼砂溶液 40～70 千克，每隔 7～10 天一次，一般施 2～4 次。

8. 铁素不足

（1）症状（图 2－7）

蔬菜缺铁的典型症状是“失绿症”，即植株顶端幼嫩部分和叶片的叶脉间失绿黄化；严重时全叶变黄白色、干枯，但不产生褐色斑点；茎、根生长受阻，根尖直径增加，产生大量根毛等，或在根中积累一些有机酸。因铁在植株体内移动性小，所以一般新叶失绿，而老叶仍保持绿色。

番茄缺铁：幼叶黄色，叶片基部出现灰黄色斑点，沿叶脉向外扩展，有时脉间焦枯坏死，症状从顶部向茎叶发展。

黄瓜缺铁：新叶除叶脉外，叶肉全部黄化，渐渐的叶脉也褪绿，整个叶片逐渐呈现柠檬黄色至白色；腋芽也会出现相同的症状，芽生长停止，叶缘坏死并完全失绿。

辣椒缺铁：新叶除叶脉外都变成淡绿色，在腋芽上也长出叶脉间淡绿色的叶。下部叶发生的少，往往发生在新叶上。

茄子缺铁：幼叶和新叶呈黄白色，叶脉残留绿色，叶片呈网纹状黄化，严重时整片叶呈黄白色。

结球白菜、结球莴苣和结球甘蓝等缺铁：叶绿素的形成受阻，生长点上长出黄化叶。

芹菜缺铁：嫩叶的叶脉间变成黄白色至白色。

马铃薯缺铁：幼叶失绿，并有规则地扩展到整株叶片，严重时变为黄色或白色，向上卷曲，下部叶片为棕黄绿色，叶缘卷曲。

（2）原因

土壤铁的有效性取决于土壤反应。酸性土壤中含铁化合物的溶解度偏高，蔬菜一般不易缺铁；在碱性土壤中或土壤通气不良的情况下，铁的吸收受到抑制，蔬菜常表现出缺铁的症状。

（3）防治方法

①在碱性土壤上施用硫黄粉等酸性物质，降低土壤酸碱度，可增加铁的有效性。

②增施有机肥料，通过有机质对铁的螯合作用可提高铁的有效性。

③对缺铁植株，叶面喷施 0.2% ~0.5% 的硫酸亚铁或硫酸亚铁铵溶液，或0.5% ~1.0% 的尿素铁肥溶液，可减轻或矫正缺铁症状。

④地势低洼、易积水地块，采用开沟排水、高畦栽培等办法，以减少碳酸氢根对铁的影响 。

9. 锰素不足

（1）症状（图2－8）

蔬菜缺锰时，幼叶叶肉产生坏死斑，叶脉保持绿色，坏死组织变成褐色（或受害组织并不坏死，呈透明状），后期症状发展到老叶上。嫩叶上的淡黄色斑点是缺锰的象征。蔬菜的缺锰症状与缺铁相似，不同的是缺铁仅黄化，而缺锰黄化叶片往往枯死。

番茄缺锰：叶绿素合成受阻，生长发育受到影响。茎叶首先变成浅绿色，而后逐渐发黄；主脉间叶肉先变黄，而叶脉仍保持绿色；后期黄色逐渐扩大，直到主脉旁边，茎叶全部发黄，植株不孕蕾、不开花。

黄瓜缺锰：植株顶部及幼叶叶脉间失绿，呈浅黄色斑纹；初期末梢仍保持绿色，出现明显网纹状；后期除主脉外，全部叶片均呈黄白色，并在脉间出现下陷坏死斑；芽的生长严重受阻，常呈黄色；新叶细小，蔓较短。

茄子缺锰：多发生在中上部叶片，叶肉失绿，叶脉仍保持绿色；发病后期叶脉间黄斑连片，绿色的叶脉呈网状，叶脉附近有褐色斑点，叶片易脱落；植株蔓变短，细弱，花芽常呈黄色。

菠菜缺锰：首先表现在新生叶失绿，初期呈浅绿色，而后成金黄色，几天即可蔓延到全株，逐渐叶肉会出现白色坏死组织；叶片常出现卷曲、皱缩和坏死斑块，俗称菠菜黄化病。

（2）原因

除土壤本身缺锰外，北方的含石灰质的偏碱性土壤或富含有机质的中性土壤，在地下水位较浅时也会出现缺锰现象。

（3）防治方法

①缺锰土壤每667平方米用硫酸锰或氯化锰1～2千克与有机肥混匀做底肥。

②生长期出现缺锰症状时，可叶面喷施0.1%～0.3%的硫酸锰或氯化锰溶液。喷洒宜在苗期进行。瓜类蔬菜除苗期外，可在初果期、盛果期喷1～2次；茄果类蔬菜可在苗期、催果期、盛果期喷洒；菠菜、芹菜、莴苣、莴笋、苋菜、空心菜等叶菜类蔬菜可在苗期、生长旺期喷1～2次。蔬菜对锰比较敏感，缺锰后喷洒锰肥可增产10%～20%。

10. 锌素不足

（1）症状（图2－9）

蔬菜缺锌时，代谢紊乱，并在外部形态上表现出来，一是叶片叶脉间失绿黄化甚至变白，二是出现斑点、坏死或死亡组织。多数蔬菜锌不足时，会出现幼叶变小、节间缩短、尖端生长受抑，类似病毒病症状。缺锌症与缺钾症类似，均表现为叶片黄化。区别在于缺钾是叶缘先黄化，渐渐向内发展；缺锌是全株黄化，并由叶的中部向叶缘发展。缺钾也可以导致叶片硬化，但缺锌叶片硬化更严重。

番茄缺锌：植株生长瘦弱，顶部叶片细小，小叶叶脉间轻微失绿，植株矮化；老叶比正常叶片小，有不规则的皱缩褐色斑点，叶柄向后卷曲，黄斑逐渐扩展，整株发黄，枝叶下垂，最后枯焦，果实较小。

黄瓜缺锌：从中部叶开始褪色，叶片较小，扭曲或皱缩，叶脉两侧由绿色变为淡黄色或黄白色，叶片边缘黄化变褐、翻卷干枯，叶脉比正常叶清晰；果实短粗，果皮形成粗绿细白相间的条纹，绿色较浅。缺锌严重时，生长点附近的节间缩短，植株叶片硬化。

甜、辣椒缺锌：顶端生长迟缓，发生顶枯，植株矮，顶部小叶丛生，叶畸形细小，出现小叶病；叶脉间失绿、黄化，叶片卷曲或皱缩，有褐变条斑，几天之内叶片枯黄或脱落。

茄子缺锌：植株较矮，顶端的叶片较瘦长，两侧向上卷，下部叶片大面积失绿，乃至完全失绿。

西葫芦缺锌：从中部叶片开始褪色，与正常叶比较，叶脉清晰可见；随着叶脉间逐渐褪色，叶缘由黄化变为褐色并逐渐枯死，叶片向外侧稍微卷曲；嫩叶生长异常，生长点呈丛生状；严重缺锌时，生长点附近节间缩短。

菠菜缺锌：植株上部新叶生长缓慢，叶肉褪绿变黄，稍凹陷，有白色不规则斑，后叶脉间变白坏死。

（2）原因

①蔬菜缺锌是由于土壤中锌元素含量不足造成的。

②在土壤速效磷含量过高时，容易出现缺锌症状。

③土壤 pH 值高，即使土壤中有足够的锌，但呈不溶解状态，根系不能吸收利用，也会造成缺锌。

④光照过强可使黄瓜缺锌症状加重。

（3）防治方法

①蔬菜缺锌首先要增施有机肥，并在有机肥中掺入硫酸锌作底肥，一般每 667 平方米硫酸锌用量为 1～2 千克。但要注意锌肥不宜与磷肥混合施用，也不必每年施用，一般 2～3 年用一次即可。

②叶面喷施硫酸锌或氯化锌水溶液，浓度控制在 0.1%～0.2%，喷施

时期视蔬菜种类而不同。但无论哪种蔬菜，苗期要早施，瓜果类蔬菜在初果期、盛果期再喷1～2次效果最佳，茄果类蔬菜要在苗期、催果期、盛果期喷洒。

③要避免土壤呈碱性，施用石灰改良土壤时注意不要过量。

11. 铜素不足

（1）症状

不同蔬菜缺铜的症状不同。

番茄缺铜：侧枝生长缓慢，叶色呈深蓝绿色，叶卷缩，花的发育和根系的发育受阻。

黄瓜缺铜：生长受抑制，幼叶小，节间短，呈丛生状；后期叶片呈浓绿色到青铜色，症状从老叶向新叶发展。

豆科作物缺铜：新生叶失绿、卷曲，老叶枯萎，易出现坏死斑点，但不失绿。

甜菜及叶菜类缺铜：蔬菜易发生顶端黄化病。

（2）防治方法

对缺铜植株，叶面喷施0.02%～0.04%的硫酸铜溶液（可加0.15%～0.25%的熟石灰，以防止药害）后，症状会减轻，甚至消失。

12. 钼素不足

（1）症状

缺钼的主要症状是叶脉先天失绿和枝叶下垂，表现为生长不良，植株矮小，叶向中肋深深凹进，叶肉部分很少，叶片畸形呈鞭尾状叶、杯状叶或黄斑叶。

番茄缺钼：植株发育不良，老叶先褪绿，叶缘和叶脉间的叶肉呈黄色斑状，叶边向上卷，叶尖萎焦，渐向内移，轻者影响开花结实，重者死亡。

黄瓜缺钼：早期症状与缺氮相似，叶脉间轻微变黄；后期叶面凹凸不平，浓淡相间，且有枯死斑出现，叶缘卷曲或叶片枯萎，新叶扭曲；果实短粗，果皮色白，皮皱。

茄子缺钼：顶部叶片两侧向上卷，植株瘦长，下部叶片叶脉先失绿，然后渐渐向外扩展，叶面上形成黄绿相间的绿色斑块，最后叶片枯萎。

辣椒缺钼：多在开花以后、果实膨大时出现缺钼症状，首先出现在老叶上，叶脉间失绿、变黄，易出现斑点，叶缘向上卷曲呈杯状，叶肉脱落残缺或发育不全。

花椰菜缺钼：幼叶和叶脉失绿，叶片明显缩小，叶边弯曲呈不规则状的汤匙状，或形成鞭尾状叶，通常称为“鞭尾病”或“鞭尾现象”。

结球白菜、结球甘蓝和结球莴苣缺钼：生长点黄化，叶片弯曲坏死，出现畸形叶、变形叶等，叶片向四面张开而不易包心。

豌豆、蚕豆缺钼：老叶叶缘和叶脉间的叶肉呈黄色斑块，叶边向上卷，叶尖萎焦，而且逐渐向内移。

（2）原因

①蔬菜缺钼主要是由于土壤中钼元素缺乏引起的。

②酸性土壤会降低钼的有效性。

③锰过量会阻碍对钼的吸收，导致钼的缺乏。

（3）防治方法

钼是微量元素中需要量最小的一种，通过多施有机肥一般能满足补充钼的需要。缺钼土壤可直接施用钼肥，通常用钼酸钠和钼酸铵，每667平方米用量10～50克，有数年的残效。缺钼土壤往往同时供磷不足，所以缺钼土壤可适当多施磷肥；在酸性土壤上施用钼肥时，要施用石灰中和土壤酸度，这样能提高土壤中钼的有效性。蔬菜钼缺乏症状出现时，叶面喷施0.05%～0.1%的钼酸铵溶液1～2次就可见效。

13. 氯素不足

蔬菜缺氯时叶片萎蔫、失绿并出现坏死变褐，根尖呈棒状。北方土壤一般不缺氯。

二、蔬菜营养过剩及防除

棚室蔬菜栽培中的各种生理性病害，长期以来一直认为是由土壤缺素引起的。实际情况是，很多菜农盲目增大肥料投入，绝大多数设施土壤中各种元素都明显偏多，导致某种营养元素在土壤中积累和过剩，影响和制约了其他元素的吸收。蔬菜营养过剩是目前蔬菜生产中另一个突出问题。

所谓蔬菜营养过剩，就是因土壤中营养元素过多，致使蔬菜出现一系列生长不良症状。这些不良症状，有些是氮、磷、钾等大量元素过剩引发的，而更多的是因为某些微量元素过剩造成的。蔬菜对微量元素的需要量很小，适宜用量的范围窄，如过多施用，会在短时间内出现不良症状甚至中毒，造成较大的损害。

常见的营养过剩症状有叶片黄白化、褐斑、边缘焦干，茎叶畸形，扭曲，根伸长不良，弯曲、变粗或尖端死亡，分枝增加，出现狮尾、鸡爪等畸形根。症状出现的部位因元素具有移动性而不同，一般出现症状的部位是该元素易积累的部位，这与元素缺乏症正好相反。因为某些元素间具有拮抗作用，所以很多元素的缺乏症却是因另一些元素过剩吸收引起的。

1. 氮素过剩

蔬菜营养过剩最常见的是氮元素过量造成的蔬菜旺长。

氮素过剩症（图 2－10）在保护地蔬菜栽培中经常出现，对果菜和根菜类影响尤甚。果菜类主要表现为枝叶增多，徒长，开花少，坐果率低，果实畸形，容易出现筋条果、苦味瓜，果实着色不良，品质低劣。根菜类往往地上部分生长过旺，地下块根发育不良，膨大受影响，贮藏物质减少，块根细小或不能充实，容易导致块根空洞。其他蔬菜一般表现为叶片肥大且浓绿，植株徒长，易倒伏，易遭受病虫的危害。

实际上，蔬菜旺长只是较轻微的症状，及时采取措施即可控制。但如果在土壤养分含量已很高的情况下再大量施用氮肥，会使土壤盐分积累，烧伤根系，使蔬菜萎蔫死亡；还易导致植株体内养分不平衡，诱发钾、钙、硼等元素的缺乏。易分解的有机肥施用量过大，在地温高时分解出的大量氮素在土壤中积累，也易产生氮素过剩。植株过多吸收氮素，会增加蔬菜中硝酸盐含量，降低蔬菜品质；植株体内过多积累氨，会导致氨中毒，如番茄氨中毒症主要表现为叶片萎蔫，叶边缘或叶脉间出现褐枯，类似早疫病初期症状，茎部还会形成污斑。

防治氮素过剩的根本措施是严格控制氮肥施用量，掌握适宜的施肥时期和方法，选择适宜的肥料形态。在养分含量较高的土壤上，提倡以施用腐熟的农家肥为主，配合施用适量氮肥。在温室大棚这样相对密闭的环境条件下，铵态氮肥和酰胺态尿素要深施到 5～10 厘米的土层中。在低温条件下，最好选用硝态氮肥，不宜用铵态氮肥。如发现作物缺钾、缺镁症状，应首先分析原因，若因氮素过剩引起缺素症，应以解决氮素过剩为主，配合施用所缺肥料。对已发现氮素过剩的地块，地温高时可加大灌水量缓解，喷施适量助壮素，延长光照时间，同时注意防治蚜虫、霜霉病等病虫害。

2. 磷素过剩

土壤中磷的有效性较低，可被蔬菜当季吸收利用的有效磷仅占全磷的

1%左右，而且土壤中的有效磷和施用的速效磷肥中的磷很容易被固定而变得无效，因此磷肥一般很少出现过剩。但在温室大棚中，使用高浓度磷肥和磷肥，易造成菜田磷素富集，也易引起蔬菜磷素过剩。磷过剩的田间症状是叶片变厚，节间缩短，茎叶生长受阻，叶片易起白斑，提早黄化，生殖器官过早发育，茎叶生长受到抑制，引起植株早衰。如黄瓜磷过剩（图2－11）叶片叶脉间出现小白斑，病健部分界明显，外观上与细菌性斑点病相似。

因磷元素过量而表现症状的情况并不多，更多的是由于水溶性磷酸盐可与土壤中锌、铁、镁等元素生成溶解度低的化合物，降低了上述元素的有效性。因此，因磷素过多而引起的病症有时会以缺锌、缺铁、缺镁等的失绿症表现出来。

菜田土壤中磷素富集量的多少也是菜田土壤熟化程度的重要标志，往往熟化程度越高的老菜田，土壤中磷素的富集量也越高。防治磷过剩就是要减少磷肥施用量。磷元素容易被土壤固定，施用时最好集中基施于蔬菜根系处，以免造成浪费。土壤如为酸性，磷呈不溶性，即使土中有磷的存在也不能吸收，因此适度改良酸性土壤至中性，可提高磷肥的肥效。施用堆厩肥，磷不会直接与土壤接触，可减少被铁或铝结合的机会，对根的健全发育及磷的吸收很有帮助。

3. 钾素过剩

钾元素过量也很常见，田间症状是中下部叶片从下到上出现叶尖和叶脉间变黄变紫，而叶脉仍保持绿色，也可表现为叶缘呈凹凸不平的上卷。黄瓜在吸收钾元素过量（图2－12）的情况下，会出现叶缘上卷、黄边现象，产量明显受到影响。番茄钾素过剩时，叶片颜色变深，叶缘上卷，叶中脉突起，叶片高低不平，叶脉间有部分失绿，叶片全部轻度硬化。

钾元素过量，不仅危害蔬菜本身的生长发育，更严重的是会导致钙、镁元素吸收不良。菜农在不知情的情况下，又补充钙、镁元素，形成恶性循环，钾过量没解决，反而引发新的问题。

土壤钾过剩时，应该立刻减少钾肥的用量，改用高氮低钾型肥料，逐步将土壤中的钾含量调整到合理水平。农家肥施用量较大时，要注意减少矿质钾肥的施用量。蔬菜生长期间出现钾素过剩症状时，要增加灌水，以降低土壤钾离子的浓度。

4. 锰素过剩

菜田土壤中锰的形态分为可被蔬菜吸收的二价锰化合物（包括水溶性锰和代换态锰）和不易被蔬菜吸收的高价锰氧化物。土壤排水不良或施用过量的锰肥，易产生锰中毒症。

锰过剩的表现因作物而有较大差异，但多数表现为根褐变，叶片出现褐色斑点，也有的叶缘黄白化或呈紫红色，嫩叶上卷等。

黄瓜锰过剩（图2－13）：首先是叶片的网状脉褐变，把叶片对着阳光看，可见坏死部分；锰急性积累引起的锰含量过高，先是叶脉褐变，随着锰含量的增高，叶柄上的刚毛也变黑，叶片枯死；逐渐少量积累引起的锰过剩症，表现为沿叶脉出现黄色小斑点，并扩大成条斑，近似于褐色斑点，先从叶片的基部开始，几条主脉呈褐色，这种症状主要发生在黄瓜下部叶片上。

茄子锰过剩：植株下部叶片或侧枝的嫩叶上出现似铁锈状褐色斑点，下部叶片会脱落或黄化；锰过剩严重时，叶子几乎落光。

甜椒锰过剩：叶脉一部分变褐，叶脉间出现黑点。

西瓜锰过剩：叶片会产生白色斑，如果此时又缺钾，症状会更严重。

锰过剩还会抑制钼的吸收，酸性土壤中作物缺钼可能由锰过剩引起。

5. 锌素过剩

土壤中大量的锌以有机态存在，有机质较多的土壤有效锌一般也较多，但有机质过多又会增加锌的固定，所以生产中往往需要施用锌肥，但锌肥施用过量又会造成蔬菜锌中毒，表现为叶片失绿和产生赤褐色斑点，根系生长受抑。如番茄植株锌素过剩时，植株生长矮小，有徒长现象，幼叶极小，叶脉失绿，叶背变紫；老叶则向下弯曲，以后叶片变黄脱落。

锌中毒还影响植株对铁的吸收和向地上部的运输，表现为缺铁症。锌过量还会抑制锰的吸收。

土壤中有效锌含量与土壤酸碱度、吸附固定、有机质和元素之间的相互关系等有关。当 $pH>6$ 时，有效锌含量随营养液的pH值升高而下降，适当调节土壤的酸碱度，使土壤保持中性或偏碱性，可预防锌过剩。另外，磷的施用可以抑制锌的吸收，因此锌过剩时，可通过适当增加磷的施用量来调节。钾、钙、氮也会影响锌的吸收，施用锌肥时要注意其他肥料对锌的影响。

6. 铁素过剩

蔬菜吸收的铁是二价铁离子。土壤中铁的含量虽很丰富，但其有效性受土壤条件如 pH 值的影响。在北方碱性土壤中，铁主要以三价铁的化合物存在，可给性降低，不易发生铁中毒。但在酸性条件下，铁被还原成溶解度大的亚铁，可能发生铁过剩，引起亚铁中毒。

铁素过剩时叶色黑绿，在老叶上有褐色斑点，根部呈灰黑色，根系容易腐烂。黄瓜铁过剩时，叶缘变黄下垂，叶脉间发黄。番茄嫩叶会形成缩叶。生姜则产生褐变症。

铁素过多易导致植株中毒，铁中毒常与缺锌相伴而生。

7. 硼素过剩

蔬菜有效硼大部分来源于土壤有机质的分解及土壤颗粒表面吸附的硼。当土壤中有效硼含量高于 2.5 毫克/千克时，绝大多数蔬菜产生中毒症状，特别是豆科蔬菜中的菜豆和豇豆等对硼特别敏感。

硼在植物体内随水分蒸腾流动，至叶片尖端及边缘残留、浓集，所以硼过剩主要表现于叶片周缘，从下部向上依次的叶肉组织失绿坏死，大多呈黄色的镶边，在蔬菜作物上即所谓金边菜。硼过剩在黄瓜上表现较为明显，且在黄瓜生育的初期危害较大，症状为幼苗出土，第一片真叶顶端变褐色，向内卷曲，全叶逐渐黄化；幼苗生长初期，较下位的叶缘出现黄化；叶片的叶缘呈黄白色，而其他部分叶色不变；即使下位叶出现硼过剩的症状，上位叶也常常是正常的。葱蒜类蔬菜硼过剩则叶色变得浓绿，从叶尖开始枯死。

蔬菜需硼适量和过多之间的范围较小，对于硼肥的施用量和施用技术要特别注意，以免施用过量造成中毒。

硼过剩防治方法是在土壤休闲期施用石灰，或在作物生长期施用碳酸钙白粉，以提高土壤的酸碱度，降低硼的溶解度；土壤中硼过量时，可以通过浇大水将溶解到水中的硼淋洗掉一部分；浇大水后结合施用石灰或碳酸钙效果更好。

8. 铜素过剩

土壤中的铜可分为蔬菜能够吸收利用的和难以吸收利用的两大类，这两大类铜在一定条件下可以互相转化。在酸性土壤中，铜的有效性较大，在碱性条件下，铜可能形成氢氧化铜、磷酸铜或碳酸铜沉淀，铜的有效性降低。有机质含量高，土壤中的铜与有机质形成稳定的络合物而降低有效性。铜在土壤中的移动性很小，残留铜的后效最长可持续 8 年，长期施用铜肥应注意避免铜的积累，防止发生铜中毒。

铜过剩的症状表现为失绿。如果铜素严重累积时，在作物根系的尖端部分积累成较难移动的铜，使根系不能伸长，呈珊瑚状；地上部则发育不良，植株低矮，生长缓慢，产量降低。如黄瓜铜过剩其特征为黄瓜生长受抑制，黄瓜根系发育不良，下部叶片黄化并着生气根。

铜过剩明显抑制铁吸收，有时作物铜过剩却表现为缺铁症。

为防止铜过剩，应避免盲目大量或连续施用铜肥。波尔多液主要配制原料为硫酸铜，大量喷施波尔多液也会引起铜中毒。因此，应注意波尔多液的使用浓度，一般棚室瓜类、茄果类蔬菜可用倍量式波尔多液200～240倍液，每 10～15 天喷一次。

9. 钼素过剩

钼是土壤中含量较少的微量元素。在土壤中钼以易被蔬菜吸收的六价钼和不易被吸收的五价钼存在。在碱性条件下钼可以转化形成可溶性的钼酸盐，有效性大。

蔬菜钼过剩的主要症状是叶色变黄。茄科作物对钼过量较敏感，番茄、马铃薯钼过量，小枝呈金黄色或红黄色。

钼素过量还可以降低蔬菜对铁的吸收。北方碱性土壤中钼的有效性往往很高，而铁的有效性低，再加上钼浓度高时不利于铁的吸收，易产生缺铁症。

虽然蔬菜对钼有较大的容许量，在田间条件下很少发生钼过剩现象，但人和动物食用含钼高的产品后，对健康可能产生不良影响。因此，也要严格控制钼肥的用量。

第三章 管理失当所致生理性病害的诊断与防除

管理失控包括水、气、光、温、土、肥等人力无法调节控制的情况和人力疏忽而未能调节的情况。实质上，在温室栽培中发生的各种生理性病害，并非都是土壤缺素引起的，低温、寡照，特别是地温低是其中一个重要原因。此外，错误的管理方法恶化了温室的栽培环境，造成土壤板结、土壤溶液浓度高、土壤中严重缺氧等，这些综合因素诱发了温室蔬菜的各种生理性病害。

一、水分管理失当的诊断与防除

蔬菜食用部位大多为柔嫩多汁的茎叶和果实，其重量的90%以上由水组成。蔬菜生长过程中，要经历从吸收到蒸发一系列的水分变化过程，需要适宜的土壤水和适当的空气湿度，尤其是叶菜类蔬菜叶片快速放大、果菜类开花结实期，更需要消耗大量的水分。

土壤水分在植物生命活动中的作用至关重要。土壤中微生物的活动和养分的溶解、根系对养分的吸收、植物体内养分的运输等都需要在土壤水分适宜的条件下进行。当蔬菜吸水不足时，营养生长受到抑制，叶面积减少，花的发育受到影响，植株萎蔫。如果萎蔫时间过长，会严重影响蔬菜的正常生长，甚至导致死亡。植株萎蔫还使蒸腾作用减弱或停止，气孔关闭，二氧化碳不能进入植物体内，影响光合作用的正常进行，导致生长量减少，果实发育不良。如黄瓜畸形瓜与果实发育期间水分供应不均衡有很大关联，果实膨大后期水分不足容易出现尖嘴瓜；果实发育的前后期缺水，而中期水分充足，则易形成大肚瓜。

当土壤水分过多时，将影响土壤温度升高和土壤通透性，给蔬菜生长发育造成不良影响。蔬菜在水多地温低的环境下，土壤营养物质转化慢，根系代谢能力减弱，容易在蔬菜苗期产生缓苗慢和沤根等生理病害。土壤水分过多会降低地温，低地温使根系活力减弱，与植株高蒸腾作用之间产生矛盾，在中午阳光直射时可能出现蔫萎，并导致枯萎病或其他病害的滋生。土壤水分过多还会因通气不良而缺氧，使蔬菜根系窒息。

土壤水分过多还会增加空气湿度，在植物叶片及茎秆上容易形成露滴和水膜，在温度适合时，往往容易发生各类病害。特别是在寒冷季节温室通风不足的情况下，室内白天相对湿度可达60%～80%，夜间或阴雨天、灌水后经常在90%左右，甚至可达100%的饱和状态。此时温室内湿空气遇冷后凝结成水膜或水滴附着于薄膜内表面或植株上，极易引起蔬菜病害的发生和蔓延。

土壤水分还在调节植株体温度上起着重要作用。阳光直射会使蔬菜体温升高，这时就需要通过蒸腾消耗水分来降温，一旦土壤水分供应不足，蔬菜体温过高，就会影响蔬菜的正常代谢，也容易感染病虫害，特别是病毒病。

要防除水分管理不当引发的生理性病害，必须科学运筹肥水，创造适宜的土壤环境，在满足蔬菜需水的条件下，尽量减少灌溉量。温室大棚中控制灌溉的措施主要有滴灌、膜下灌溉、改明渠输水为暗管输水等，要灵活运用。同时要掌握小水勤浇和根据季节变化确定浇水次数的原则，尽量随水追肥，不浇空水。一般掌握春（2月中旬到4月）、秋（9月下旬到11月中下旬）季节每隔6～7天浇一次水，浇水须在晴天清晨（6～9时）进行，小水沟灌，一次浇水量可大些；进入冬（11月下旬到2月上中旬）季后每隔10～15天浇一次水，最冷季节可延长到15～20天浇一次水，浇水宜在晴天上午10时左右进行，以小水为主，忌大水漫灌。浇水时要注意保持一定水温，以免温度太低引起地温下降。浇水后要闭棚升温，促进地温升高；中午前后加强通风，以排放过多的湿气。

通风是降低温室大棚空气湿度的有效手段。但在秋冬季节温室蔬菜生产中，通风排湿和密封保温是一对矛盾，排湿必定伴随降温，保温必然会影响排湿。在11月至翌年2月，通风要在保温的前提下排湿，因此务必使室内温度达到28℃以上时方可通风，应主要通过顶部通风口放风，风量要小，而且通风时室内温度下降不能超过5℃。在11月至翌年2月以外的时间内，通风的主要目的才是降温，随着外界温度提高，除放顶风外应逐渐放前风口，当夜间最低气温高于蔬菜生长适温后，还需要放底风。总之，什么时候通风、风口的位置和大小、通风时间长短要根据不同季节和蔬菜特点灵活掌握。

二、温度管理失当的诊断与防除

蔬菜生长发育及维持生命需要的温度在一定范围内，不同蔬菜作物生长发育适温及适应温度范围不尽相同。西瓜、甜瓜、丝瓜和冬瓜等蔬菜喜高温、耐热，适宜温度范围为白天25~30℃、夜间18~20℃，即使温度达到40℃也能正常生长；黄瓜、番茄、茄子、辣椒、菜豆、西葫芦等喜温性蔬菜喜欢较高温度，适宜温度范围为白天18~28℃、夜间15~18℃，超过40℃、低于15℃不能正常开花结果。这两类蔬菜不耐低温，短时间霜冻就会造成极大危害。适宜温室栽培的蔬菜中还有一类喜冷凉的，主要有韭菜、韭黄、韭葱（洋蒜苗）、油菜、甘蓝、芹菜等，生长适温范围为白天15~22℃、夜间10~15℃，能耐0~2℃低温，还可短时忍耐-5~-3℃低温。

蔬菜不同生育期对温度的要求也有差异，一般蔬菜作物发芽期最适温度较高，喜温蔬菜为25~30℃，喜冷凉蔬菜为20℃左右；幼苗期适温较发芽期低3~5℃，但适宜温度范围较广；营养生长旺盛期果菜类要求温度介于发芽期和幼苗期之间，而大部分喜冷凉茎、叶、根菜，较凉爽的条件利于产品器官形成和养分积累；开花结果期不仅要求温度较高，而且适温范围较窄，高温和低温容易引起落花、落果；果实成熟膨大期及种子形成期要求温度最高。

蔬菜因为温室环境和气候变化常会出现适宜温度以外的温度，高温和低温都会影响作物生长发育，而以低温造成的危害最普遍，造成生产上的损失也最大。

在北方冬季日光温室蔬菜生产中，人为的管理不善和温室保温性能不佳，极易导致低温危害（图3-1）。低温危害根据植株受害时温度高低的不同，可分为冷害和冻害两种。冷害是0℃以上低温造成的伤害，主要表现为生长停止、落花落果、植株花打顶、寒根、沤根、卷叶、叶片褪绿等。冻害是由于0℃以下低温导致蔬菜组织内结冰而造成的伤害，所以发生快、时间短。对多数耐寒蔬菜来说，结冰是可逆的，轻度缓解后植株仍能正常生长；而对不耐寒蔬菜来说，这种结冰是不可逆的，会使植株枯萎死亡。冻害主要表现为褪绿变白，局部（如生长点、叶缘）或整体干枯，果实腐烂等。蔬菜受低温伤害的程度，主要取决于温度降低的幅度和速度、低温持续时间及发生季节。温度降低越多，低温持续时间越长，危害越重；降温速度快，则危害重；寒冷季节植株抗寒力增强，降温时危害轻，相反温暖季节降温危害较重。冬季低温加寡照，空气相对湿度较高，还会出现落花落蕾和化瓜等现象。另外，降温后缓慢升温比急剧升温（如久阴骤晴）危害轻。

在夏季蔬菜生产中，还容易出现因棚内温度过高而导致的高温障碍（图3－2）。高温障碍主要表现在两个方面：一是蔬菜生长矮小、瘦弱、缓慢，出现老化苗、老化株，直至灼伤、落叶、干叶，全株死亡。夏秋高温不仅使叶菜类和根菜类不易生长，且会引起茄、瓜、豆类蔬菜落花落果，且温度越高、时间越长，影响的程度越显著。如番茄叶片叶缘出现灼烧状和落花落果，豆类蔬菜则表现落花落荚严重等。二是果实“日烧病”，此病在茄果类蔬菜如番茄、甜椒、茄子上均有发生。由于烈日暴晒，果皮温度急剧上升，造成水分大量散失，使果皮受伤，褪色变硬，变薄透亮，果皮逐渐变成淡黄色或黄白色，继而在太阳暴晒下皱缩干硬，遇雨或受潮后感染霉菌而腐烂脱落，失去食用价值。

此外，地温直接影响根系生长活性及根毛发生，还通过对土壤微生物活动及有机质分解转化等，间接影响根系对水分和养分的吸收。同气温相比，地温比较稳定，变化缓慢，所以根对温度变化的适应能力弱于地上部。大多数蔬菜最适地温多在15～25℃之间，果菜类的最低温度为12～14℃，喜冷凉的茎、叶根菜为4℃～6℃。较低的地温不利于蔬菜根系生长发育，会导致生根量少，发根浅，根系老化，吸收能力差，生理活性低，不但会引发各种生理性病害以及营养元素缺乏症，严重时还会烂根、死根。高地温又易诱发甜椒和番茄的病毒病。过低地温还影响根对磷、钾和硝态氮的吸收，同时土壤中硝化细菌活动受抑制，铵态氮不能很快转化为硝态氮。

针对温度管理上容易出现的低温危害，秋季应提早扣膜，冬前蓄热，提高温室土壤和墙体温度。实行高垄畦栽培，全地膜覆盖，提高土壤温度。当夜间室内最低气温降至15℃时，应及时安装保温覆盖物，并视室内温度情况采取早闭风口、早放草帘等措施。当遇到寒流等强降温天气，可采取支小拱棚、室内搭二道膜、加厚覆盖层、操作间加挂厚门帘等办法。

在凌晨温度接近冷害指标时，还可用燃烧酒精、燃烧木炭、热风炉加温等措施临时辅助加温。

进入夏季温室内温度很高，则要采取降温措施。通风是降低棚温、预防高温危害的主要措施，种植越夏蔬菜则要将温室的上下放风口全部打开，让棚外冷空气进入棚内，从而有利于棚内温度的降低。还可利用遮阳网、无纺布等遮阴，在夏季一般可使地表温度降低4～6℃。在地温过高时，进行地面灌水和喷水，水分蒸发会消耗大量的热能，也可使棚室温度降低，还能起到增加棚内空气湿度、预防蔬菜落花落果的作用。高温季节还可采取向蔬菜叶片上喷洒氨基酸、甲壳素、海藻酸等叶面肥的方法，促进蔬菜健壮生长，提高其对高温的抗逆性。

三、光照管理失当的诊断与防除

光照是温室蔬菜制造养分和生命活动不可缺少的能源条件，也是形成温室小气候的主导因素。高效节能日光温室为了解决冬季保温问题，东、西、北三面都用墙体围起，只利用南屋面解决采光问题，比自然条件下采光条件要差许多。再加上立柱挡光、两侧山墙遮光、塑料棚膜对光的损耗和草帘揭盖时间的限制等，日光温室与露地相比始终处在弱光照的环境中。因此，解决好光照问题是提高日光温室生产能力的基础。

蔬菜在进行光合作用时，对光照有一定的要求。正常条件下，光照需要达到光补偿点以上强度，蔬菜光合作用才有效，而光饱和点则是蔬菜光合作用所需光照强度的上限。蔬菜生产如果处于春、夏、秋三季，除阴雨天外一般不会产生光照不足的问题。但在冬季棚室蔬菜栽培中，光照不足问题就经常发生。如果光照长期偏低，有机物合成不足，必然影响蔬菜的各种生理活动，导致蔬菜幼苗矮小，植株生长瘦弱，叶片发黄。光照严重不足时，会造成植株枯黄或白化。

日光温室蔬菜生产每天光照时间一般应保持在7～8小时。在冬季光照最弱的时候也要保证每天有4小时以上的连续有效光照。增加日光温室的光照强度，除了要注重日光温室的方位、前屋面角度和形状、后坡角度和长度等环节设计和建造正确外，还应选用透光好的优质无滴膜，及时冲洗膜上的尘土，保持棚室中有较好的光照强度。冬天棚室要想办法延长光照时间，在温度允许的情况下要尽量早揭和晚盖草苫，揭草苫时间应以揭开草苫后室内温度不下降或下降不超过2℃为宜，以充分利用上午光照时间，提高光合作用效率。阴雪天气也要根据外界温度状况在中午短时间揭开草苫，使蔬菜接受散射光照射，绝不能连续数日不揭草苫。连续阴雪天气后骤然转晴，要间隔、交替揭苫，不能立即全部揭开草苫，以防叶片在强光下失水萎蔫。若发现叶片萎蔫应随即回盖草苫，待植株恢复后再逐步揭苫。

另外，冬季在距日光温室后墙 5 厘米处张挂宽 1.0 米左右的镀铝镜面反光膜，可使距反光膜 0 ~ 3 米内的光照度增加 9% ~ 40%，气温增加 1 ~ 3℃，10 厘米地温提高 0.7 ~ 1.9℃。白色或银灰色地膜具有反光作用，对植株下部叶片能很好“增光”。此外，还可采取人工补光的办法，灯源通常以白炽灯、日光灯、高压水银灯、金属卤化物灯为好，安装时灯泡应距离植物生长点和棚膜 50 厘米以上。冬季补光应在早晨进行，一般每天 2 ~ 3小时，至揭草帘棚内光强增大后停止。阴雨天气可全天补光。

四、肥害的诊断与防除

在蔬菜生产中菜农较多存在“多用肥料比少用肥料好”的片面认识，加之缺乏科学的施肥方法，因此蔬菜肥害成了蔬菜育苗和大田栽培生产全过程中一个比较突出的问题。肥害发生面之广，造成损失之大，不亚于病害和虫害。

肥害主要是由于在温室内大量施用化肥，尤其是硝态氮肥造成的。大棚内环境相对密闭，肥料分解产生的氨气、亚硝酸等气体不能有效地向外扩散；或因长期施用某种肥料，又缺少雨水及大量灌溉的淋溶作用，致使这些肥料在土壤中大量积累，造成蔬菜生理障害。主要表现为根系发育不良，新根少，根呈褐色，地上部叶片呈水浸状，叶色黄白色或淡褐色，严重时叶片失水萎蔫，个别植株出现死亡现象。

肥害分为内伤型和外伤型。内伤型肥害是指由于施肥不当，植物体内离子平衡被破坏而引起的生理性伤害，常见的有铵离子中毒（土壤中铵态氮过多时，植物会吸收过多的铵而产生铵中毒，影响光合作用的正常进行）、亚硝酸毒害（在硝化过程中，常会产生亚硝酸积累而发生亚硝酸毒害，表现为根部变褐、叶片变黄）和拮抗（如钾肥施用多就会妨碍钙、镁和硼的吸收，氮过剩时会使蔬菜产生缺钙症，硝酸态氮过多易引起蔬菜失绿缺钼）。外伤型肥害包括氨气毒害、亚硝酸气体毒害及施肥浓度过大对蔬菜造成的伤害。

生产中经常出现的问题是，化肥一次施用量过大且距离根系太近时，会造成土壤局部溶液浓度过高，当土壤的总盐浓度超过300毫克/千克时，细胞渗透阻力增大，根系吸水困难，作物吸收养分受阻。将未经腐熟的畜、禽粪便直接施于菜田，在分解过程中产生有机酸及热，会使作物根部受害。超标准施用化肥或人畜粪，导致有效氮含量超标，发生烧根，严重的还造成死苗。黄瓜肥害较轻时，叶片浓绿、变厚、皱缩；肥害严重时，在叶片的大叶脉之间出现不规则条斑，黄绿色或淡黄色，组织不坏死；更严重时，叶片边缘受到随“吐水”析出的盐分危害，出现不规则黄化斑，并会造成部分叶肉组织坏死。辣椒遭受肥害时，植株顶部的心叶小而皱缩，叶片上出现圆形、椭圆形或不规则形淡褐色或褐色斑，发病迅速时多为环形斑，病斑中部仍为绿色，后期病斑穿孔；肥害严重，且气候干燥、温度较高、光照强烈时，辣椒叶片叶缘焦枯。茄子发生肥害时，受害症状从叶片尖端或边缘向叶片内部发展，在大叶脉之间出现坏死斑，斑块呈干枯的绿色、黄色、灰白色、黄褐色等多种颜色，病健部交界明显，后期病斑穿孔。

肥害较轻时对产量影响不大，但却是施肥过量的信号。肥害发生较重，如果处理不当，在短时间内就可以全棚覆灭。避免肥害要从预防做起，有机肥要经过充分腐熟后再施用；不要过量施用铵态氮肥和硝酸铵肥料，施肥要少量多次；化肥不可撒施，要深施盖土，并且施后要及时通风浇水；要注意及时浇水，土壤不可太干，要保持湿润状态，苗期结合浇水可喷助壮素进行管理；发生肥害要及时浇水缓解，一般7～10天后可自行恢复正常；也可叶面喷“天达2116”或复合微生物肥料500倍液，或用“富根”300倍液进行灌根。

五、气害的诊断与防除

气害多数是由肥害引起的。温室内有机肥料分解和化肥挥发都会释放有害气体，在冬春季节由于放风换气时间限制，一些有害气体容易在室内积累，造成蔬菜气体危害。此外，在室内加温时，也会使室内空气受到污染。

1. 氨气危害（图3－3）

棚室内氨气主要来源于施用的铵态氮化肥和未腐熟的厩肥、人粪尿、鸡粪和饼肥等。铵态氮化肥在土壤中会有一定程度的挥发，一次性施肥过大、表施或覆土过薄、土壤呈碱性反应等都将加剧氨的挥发。有机肥料在分解过程中也能产生大量氨气，当空气中氨气浓度达到0.1%～0.8%时，就能危害蔬菜。黄瓜、番茄、西葫芦等对氨气敏感，黄瓜在晴天高温下浓度达到0.1%以上，1～2小时就可导致黄瓜植株死亡。

氨气是从叶片的气孔进入植株体内进行危害的。受害的幼芽及嫩叶四周呈开水烫伤状或水浸状，轻者叶片出现不定型的块状枯斑，叶缘呈灼伤状，重者植株根部由褐变黑色，丧失吸收肥水的功能，地上部逐渐枯萎死亡，常被误诊为霜霉病或其他病症。如番茄受氨害后叶片初呈水浸状，后变褐干枯，花受害，花萼、花瓣呈水浸状，后变成黑褐色干枯，花不再开放，严重时叶片全部枯死。

防止氨气危害，首先应提倡多施充分腐熟的有机肥，禁止施用未腐熟的有机肥，尤其是生鸡粪。追施尿素、碳铵和硫铵时每次施用量不要过大，追肥应开沟深施，施后用土盖严，并及时浇水。

经常进行棚内氨气检查是避免蔬菜氨气中毒的有效措施。检查方法很简单，即在早晨用pH值试纸蘸取棚膜水滴，然后与比色卡比色，当pH大于8.2时，可认为要发生氨气危害，应及时采取换气通风等措施预防。

2. 亚硝酸气体危害（图3－4）

温室内亚硝酸气体来源于土壤中亚硝酸气体的挥发。亚硝酸气化的条件与氨挥发的条件相反，在土壤呈碱性条件下，土壤中的亚硝酸将以亚硝酸钙的形式积累，不会产生亚硝酸气体，当土壤pH低于5时才能产生亚硝酸气体。因此，可以通过测试棚内水滴酸碱性的办法来判断是氨气危害还是亚硝酸气体危害。棚内出现亚硝酸气体危害时，棚内水滴表现为微酸性，而出现氨气危害时水滴为碱性。

蔬菜受亚硝酸气体危害的症状与氨气危害的症状极为相似，不同的是氨气主要危害叶肉，叶片以变褐色为主，而亚硝酸气体危害叶绿素，受害叶片变白，受害部位下陷，并与健康部位界限分明。茄子和黄瓜易受亚硝酸气体危害，受害叶片一般首先发生在中部活力较强的叶片上，而心叶和活力较弱的叶片后发病；受害叶片在初期叶缘和叶脉间呈水浸状斑纹，2～3天后叶片变干，并呈白色。番茄亚硝酸气害主要危害叶片，较重者叶片上形成很多白色坏死斑点，严重时斑点连片或枯焦；较轻者仅叶尖或叶缘先黄化，后向中间扩展，病部发白后干。

土壤盐渍化、硝化细菌数量减少和土壤呈酸性是亚硝酸气体产生的前提条件。施用充分腐熟的有机肥，适量施用化肥，并在种植前提早与土壤均匀混合，可减轻和避免土壤盐渍化。施用稻草和其他未腐熟的秸秆，在恢复土壤微生物平衡和改良土壤的同时，也避免了亚硝酸在土壤中积累。连作多年的蔬菜土壤经常出现盐基离子减少、土壤酸化的特征，施用适量石灰，既能补充土壤钙素不足，又可中和土壤酸度，可避免亚硝酸气体挥发。发现有害气体后应马上放风，发生亚硝酸气害时应及时施用石灰或硝化抑制剂，并大量浇水使其渗入土中。

3. 二氧化硫气体危害（图3－5）

二氧化硫遇水或在空气湿度较大时，就转化为亚硫酸，直接破坏蔬菜的叶绿体。二氧化硫还能从叶片的气孔进入叶肉，并转变成亚硫酸及硫酸。当空气中二氧化硫浓度达到5毫克/升以上时，一些敏感蔬菜就会受害。蔬菜受害叶片表现为叶缘及叶脉间失绿变白，漂白部分随接触二氧化硫的时间延长而逐渐扩展到叶脉，并随之干枯，形成界限分明的点状或块状坏死斑。受害较轻时，斑点主要出现在气孔分布较多的叶背面，严重时斑点连接成片。受二氧化硫毒害发生的白斑比其他原因发生的白斑要大。

温室二氧化硫主要来自室内加温时泄露的煤烟、生鸡粪和生饼肥分解时释放的二氧化硫、硫黄熏蒸消毒时排放不完全的二氧化硫。番茄、黄瓜、芹菜、甜椒等受害后，表现为叶缘及叶脉间变白，叶片逐渐干枯；豆类、莴苣、茄子和萝卜等蔬菜被害后先呈水浸状，逐渐叶缘卷曲、干枯，同时叶脉间出现褐色病斑。

蔬菜对二氧化硫的抗性与环境条件有很大关系，适宜的光照条件、充足的水分供应、较高的空气相对湿度等，有利于气孔开放和二氧化硫转化为亚硫酸和硫酸，容易导致二氧化硫危害。干旱、空气相对湿度低、光照不足，能使气孔关闭，因而可增强蔬菜对二氧化硫的抗性。对二氧化硫敏感的蔬菜有辣椒、菠菜、南瓜、胡萝卜、油菜，中度敏感的有菜豆、黄瓜、茄子、番茄，抗性较强的有洋葱、芹菜、马铃薯、甘蓝等。

预防温室蔬菜二氧化硫危害，要尽量不在温室内明火加温，不施生牛粪、生鸡粪，并避免室内出现高湿条件。已经发生或可能发生二氧化硫气体危害时，叶面喷施0.5%石灰水或小苏打1 000倍液可减轻危害。同时在不影响作物正常生长所需温度的情况下，尽量加大放风量。

4. 乙烯气体危害

乙烯气体是由劣质塑料薄膜产生。温室温度过高或温室在连阴天为了保温而不放风，则乙烯浓度会达到危害数值。乙烯气体危害时，植株矮化，茎节粗短，侧枝生长加快，叶片下垂、皱缩，失绿转黄而脱落，花器、幼果易脱落，果实畸形。茄子、番茄、辣椒对乙烯敏感，菜豆、黄瓜、西瓜、西葫芦对乙烯有一定耐性。不恰当地使用乙烯利催熟剂也可造成上述危害。另外，干旱、冻伤、干热风都会促使作物自身产生大量的乙烯而提早进入生殖生长，导致生物产量下降。

预防乙烯气体危害要使用安全无毒的塑料制品。注意有毒薄膜不能作育苗床的覆盖物，不用过大浓度的乙烯利，浇水的塑料管子也应是无毒产品。温室栽培应提前扣膜晾晒，让有毒的增塑剂挥发后再定植秧苗。温室内不要堆放塑料管子及其他塑料制品。已经发生危害的要加强通风。

六、药害的诊断与防除

药害是指因农药使用不当而引起的植株各种病态反应，包括组织损伤、生长受阻、植株变态、产量下降等非正常生理变化。药害有急性、慢性两种。急性药害在喷药后几小时至3～4天出现明显症状；慢性药害在喷药后较长时间才出现明显反应。在棚室蔬菜病虫害防治过程中，由于保护地的特殊气候条件，极易发生药害，造成不必要的损失。

药害常见症状有斑点、黄化、枯萎、生长停滞等。在温室大棚里药害问题很普遍。如顶叶皱缩不长是点花药引起的；有的叶片出现不规则的白色干枯大斑点，有的叶片发生叶边干枯，有的叶片产生不规则的白色干枯小斑点，大多数是因用药不当引起的急性药害；当叶片出现黄褐色斑点、老化以及硬而脆的情况，则是连续用药或喷施药物不当引起的一种慢性药害反应。因此，蔬菜药害要根据不同原因采取不同的预防和处理方法。

1. 喷施农药不当所致药害

温室大棚误用不对症农药，或喷施农药浓度过大超过了植物耐药量，或连续重复施药，或两种以上农药混用不当，或在高温、高湿条件下施药，或施用了劣质、过期农药，或施药次数和时间不合理，或两次用药间隔时间太短，或施药后种植下茬作物时间太近，或是喷施药液不均匀等，都会引发蔬菜药害。

同一浓度的药剂在不同条件下发生药害的程度也不同。如高温强光下药剂的活性增强，植株叶面水分蒸发很快，药剂浓度将会加大，易产生药害；高湿情况下，植株叶面水分过大，粉尘药剂使用附着力很强，药害发生率较高。

番茄急性药害在施药后短时间内（10天内）即显症，多为斑点、失绿、落花、落果等；慢性药害一般在施药后10天以上才能表现出来，多为黄化、畸形、小果、劣果等。苗期、花期及幼嫩的组织抗药能力较差，易发生药害。黄瓜药害（图3-6）多数表现在叶片上，出现的症状多种多样，常表现为叶片萎凋，颜色褪绿渐变黄白，并伴有各色枯斑，边缘枯焦，组织穿孔，皱缩卷曲，增厚僵硬，提早脱落。茄子发生药害时，植株叶脉黄化，叶片无光，叶缘变褐，严重时叶片卷曲，叶片脱落仅残存顶部小叶片。

防治办法：首先要正确选择农药种类，对症用药。要根据病害的发生规律和实际发生动态，适时采取用药措施，保护性药剂要在发病初期或前期使用，治疗性药剂的使用也不能太晚。用药量要准确，应选在晴天的上午10点以前或下午2点以后用药。可优先选用烟雾剂、粉尘剂，有利于均匀施药和避免温室空气湿度过高。当需要两种以上农药混合使用时，混用药剂应具有不同的防治作用，如病情严重需混用相同防治对象的药剂，则应在专业技术人员指导下进行，注意混合后不应产生不良的化学反应和物理反应。喷药时要细致、均匀、周到，苗期、花期耐药力弱，用药时要慎重。应科学轮换使用不同的药剂品种，避免长期连续使用单一品种药剂。严格执行农药使用安全间隔期制度，严禁使用高毒农药。

当发现农药使用不当时，可在药液未完全渗透到植株体内时，迅速喷淋清水2~3次，洗净表面药液。若是酸性药剂如硫酸铜造成的药害，喷水时可加入适量草木灰浸出液或0.1%的生石灰；若是碱性药剂造成的药害，喷水时可加入适量食醋；有机磷产生的药害可以喷洒500倍的肥皂水；退菌特发生的药害则喷洒硫酸锌500倍液；植物生长调节剂或叶面肥产生的药害，立即用100倍液的白糖水喷洒；喷用乙烯利、矮壮素、坐果灵等产生不良反应后，可以用赤霉素并加入100倍的白糖喷洒，也可以用细胞分裂素、天然芸薹素等。同时，足量灌水，满足作物根系吸水，可降低植株体内药物的相对含量。还可以将用药量较大的叶片疏除，减少蔬菜对药物的吸收，从而降低药害。

对于已产生药害的植株，应及时中耕松土，追施氮肥，促进根系发育和幼苗生长发育，增强其恢复能力。同时，可叶面喷施100倍葡萄糖+300倍的尿素+600倍的硫酸锌，或尿素和磷酸二氢钾的混合液，或绿宝、植物生命源等叶面肥 1 ~ 2 次，也可喷施植物动力 2003、云大 120、核苷酸、爱多收等植物激素。

2. 烟剂使用不当所致药害

冬春季节或连阴天气，喷洒药剂防治病害易导致棚室内湿度加大，因此烟剂成为菜农的首选。但使用烟剂量过大、烟熏时间过长或靠近植株造成局部烟浓度过高，也易发生药害。

烟害发生很快，多是全株受害，尤其是植株上部叶片受害最重。番茄烟害几个小时就会出现症状，病株叶片变褐、焦枯，严重时全株死亡或成片死亡。在蔬菜生长期使用药剂时要注意：一要根据棚室空间体积计算烟熏剂的使用量，而不能根据种植面积计算。二要根据对象选用合适的烟剂，严格按照说明书使用。三要均匀布局发烟点，每 667 平方米至少均匀分布 10 ~ 15 个发烟点。四要合理掌握烟剂使用时间，冬季在晚上 0 时至凌晨 2 时点燃烟剂，到第二天揭帘放风时熏棚时间达 6 ~ 8 小时即可，还要注意天气预报，以免熏棚后第二天遇到恶劣天气不能放风而产生药害。发生药害后，要及时放风，并采取补救措施，如及时喷洒爱多收 6 000 倍液或云大 120 等。

3. 激素使用不当所致药害

植物生长调节剂在棚室蔬菜栽培中使用非常普遍。如苗期为防止徒长，常使用矮壮素、助壮素、矮丰灵等来控制。激素在植株体内积累，当时虽未表现出来，但点花处理后症状立即出现，表现为弱株、叶片卷曲，点花越多，卷曲越重。某些厂家为提高肥料的可见效果，在冲施肥中掺入一定量的激素，菜农冲施后肥效明显，立竿见影。但此类肥料连续冲施几次，便会导致蔬菜植株出现早衰。

棚室栽培茄果类、瓜类蔬菜，为促进坐果，常用坐果灵、防落素、2，4 – D 等激素点花、蘸花，如果使用不当也会出现药害。有些菜农除蘸花、喷花或点花外，在喷药中还加入一些促进生长的调节剂如萘乙酸、赤霉素等，导致激素在植株体内积累过量、比例失调，出现瓜条畸形、叶片扭曲、茎蔓发脆等。

植株激素中毒后，首先要辨清是哪种植物生长调节剂过量造成的。多效唑、矮壮素等抑制剂过量造成的激素中毒，可以喷布 6 000 倍的爱多收、2 000 倍的 4% 赤霉素、1 500 倍的芸薹素内酯等生长促进剂；蘸花、喷花或点花时防落素使用量过大造成的激素中毒，可喷洒 2 000 倍的 4% 赤霉素予以缓解；赤霉素使用过量，可喷洒1 500倍的15%多效唑抑制植株自身赤霉素的形成，并喷洒防落素，缓解激素中毒症状。提高棚温、加强水肥管理等农业措施，对缓解激素中毒也有良好的效果。

2，4－D药害在温室大棚中尤其常见（图3－7），要给予高度重视。2，4－D药液太浓，药量过大，重复点花，施药时温度太高，或直接蘸、滴到嫩枝或嫩叶上，均能造成药害。番茄2，4－D药害表现为叶片向下弯曲、僵硬、细长，新生叶多呈细长状，纵向皱缩，叶缘扭曲畸形，似病毒病症状，故有“人造病毒”之称；受害茎蔓凸起，颜色变浅；果实畸形形成乳突脐果，俗称“桃形果”或“尖头果”。西葫芦2，4－D表现为受害叶片沿主脉褪绿增厚，裂叶不能展开，整叶纵向皱缩、僵硬，叶缘扭曲畸形似病毒症状；果实受害多形成畸形果、裂果或僵果。针对2，4－D药害，要从预防做起，首先2，4－D浓度要适宜，高温季节采用浓度低限，低温季节采用浓度高限。严禁对同一朵花作重复处理，还要防止2，4－D蘸、滴到嫩枝或嫩叶上。一旦发生因2，4－D浓度过高引起的药害，可通过浇大水、喷洒清水、增加施肥量、促进植株生长等方法缓解。

此外，喷洒过激素的喷雾器一定要洗干净，以防再喷布农药、叶面肥时因残留药液造成危害。

七、土壤次生盐渍化的诊断与防除

由于人为原因造成土壤盐分积累和土壤污染，土壤中可溶性盐分浓度过高，超过了蔬菜生长的适宜浓度范围，这就是土壤次生盐渍化。

温室大棚蔬菜栽培施肥量大，且为半封闭状态，蔬菜多连作，土壤中的可溶性盐很难被淋洗到土壤深层，逐年积累就会发生土壤次生渍化。根据土壤化验分析，种植2～3年后的日光温室，土壤中盐分的积累量已经对蔬菜生长发育造成影响。当土壤盐分浓度升高到3～5克/千克时，土壤团粒结构即被破坏，表土板结并出现盐化层，虽然多数蔬菜不表现明显症状，但已产生不同程度的间接性生理病害，根系发育受到影响，在日照强气温升高时引发植株萎蔫，即便增加灌水，萎蔫现象也不会消失。当土壤盐分浓度达到5～10克/千克时，因土壤溶液浓度过高，多数蔬菜根系生长及吸收能力受阻，会表现为生理病害，主要症状为植株矮小，发育不良，叶色浓绿，叶片边缘有波浪状的枯黄色斑痕，或叶片向外翻卷，呈伞状，变脆；严重时，从叶片开始干枯变褐，根部发生褐变、枯死，整株凋萎死亡。黄瓜出现的“花打顶”、尖嘴瓜现象，番茄发生大量僵果等现象均与盐害有关。

温室大棚多年连续大量施用化学肥料后，除部分被作物吸收外，剩余肥料与土壤中的其他离子结合形成各种盐，导致耕作层土壤含盐量增加，土壤溶液浓度增高，若偏施硝酸铵、硝酸钾、氯化钾等易引起 pH 值降低，更易使土壤出现盐渍化现象。加之棚室常采用“小水勤浇”的灌水方式，不但没有把多余的盐分带到土壤深层，还易造成板结，增加了盐分在表层的积累。另外，土壤水分蒸发，使深层水不断通过毛细管上移，土壤深层盐分也被带到表层聚集。土壤耕层中未腐熟的有机肥挥发分解后，残留的硫化物、硫酸盐、有机盐和无机盐也易造成土壤盐渍化。

防除温室大棚土壤盐渍化要从预防做起，对于新棚要“种养结合”，而已经出现盐渍化的可采取以下措施加以治理：一是要增施腐熟有机肥，提高土壤有机质含量，增强土壤养分缓冲能力，延缓土壤盐渍化进程；二是要根据土壤供肥能力和蔬菜需肥规律，确定合理的施肥量和施肥方式，并做到配方施肥，同时避免长期使用同一种化肥，特别是含氯或硫酸根等成分的肥料；三是要补施生物菌肥，一般每 667 平方米应基施生物菌肥 150～200 千克，或每次每 667 平方米追施 25～30 千克；四是可采取土壤深翻、以水压盐、秸秆还田等办法，降低土壤盐分。

另外，用天达 2116 灌根、涂茎和喷洒植株，能促进作物根系发达，增强耐低温、抗冷冻和对其他不良环境的适应性能，对抵御土壤次生盐渍化有一定作用。可在蔬菜秧苗定植时，结合防治土传病害，用 600 倍天达 2116 壮苗灵 +6 000 倍 99% 天达恶霉灵药液灌根，每株浇灌药液 50～70 毫升；显蕾后再用 600 倍天达 2116 瓜茄果专用型 + 病害预防性药液，喷洒蔬菜的茎叶和幼果，每 10～15 天一次，连续喷洒 3～5 次。

第四章

苗期生理性病害

蔬菜苗期生理性病害是由于育苗期间不良外界环境条件所引发的病害。通常情况下，育苗期安排在寒冷的冬季或炎热的夏季，外界环境并不适合蔬菜生长发育，加之育苗的特殊性，稍有管理不善，极易发生生理性病害。苗期生理性病害须通过改变不适环境才能防止和缓解。

一、低温障害

低温障害可分冻害和冷害，是在低温情况下产生的生理障碍。蔬菜集约化穴盘育苗设施，无论采用日光温室还是连栋大棚，保温性能均相对优于生产设施，发生冻害的概率非常小，因此低温障害以冷害多见。

1. 症状与发病原因

当育苗设施内温度降至10℃以下，幼苗容易发生冷害，叶片出现水浸状斑点，叶片萎蔫、黄化。随着温度进一步降低或低温持续时间延长，冷害逐渐加重，可导致部分子叶或真叶萎蔫干枯甚至死亡。如果冷害不重，待温度上升后可以逐渐恢复生长；如果低温时间过长，植株体营养消耗过多，根系受到伤害，最后也会导致死亡。冷害还会造成幼苗不发新根，生长缓慢，甚至成片死亡。西瓜、甜瓜、黄瓜、南瓜、茄子、辣椒等蔬菜幼苗易受冷害。

有时冷害在苗期不表现症状，但定植后会发现缓苗较慢，结果节位下降或先期抽薹等。如番茄苗期较长时间处于12℃以下低温，第1穗果节位可能从第9节位降至第6节位，并且果实畸形率增加，说明低温严重影响幼苗的花芽分化。

2. 防治方法

（1）提高温度，特别是提高地温是解决秧苗冷害的主要方法

可采用人工控温育苗，如电热温床育苗、工厂化育苗等。在早春育苗期间，注意观察天气变化，及时采取防寒保暖措施；在寒潮侵袭、低温来临时，盖严、压好覆盖物，必要时再加盖一层草苫或苇毛苫。

（2）加强管理，适当增加光照，促进光合作用和养分积累，是提高秧苗抗寒力的重要措施。另外，适当控制浇水，合理增施磷、钾肥，也能提高秧苗抗寒力。

（3）冬季或早春育苗，应选择耐寒品种，增加低温锻炼，喷施化学诱抗物质如油菜素内酯、壳聚糖等，提高低温抗性。

（4）当幼苗冷害已经发生时，在恢复期间室内和苗床的温度要缓慢提高，光照较强时要适当遮阴，严禁冷害后幼苗立即接受高温、强光。还可在冷害部位喷些水，使受冻组织缓慢恢复。

二、幼苗缺水

1. 症状与发病原因

蔬菜幼苗缺水尤其在穴盘基质育苗中容易出现。缺水时整株幼苗含水量下降，影响幼苗正常生理代谢对水分的需求，幼苗生长发育缓慢或停滞，叶色深绿，叶表面蜡质增多，茎木质素积累，根系色泽由白变暗，根毛减少，茎顶端簇生花器（俗称花打顶）。随着水分进一步缺乏，幼苗叶片萎蔫；水分缺乏再严重时，幼苗褪绿黄化，根系黄褐色，根尖细胞和根毛死亡，整株幼苗干枯死亡。

造成幼苗缺水的原因：一是灌水量小或灌水不及时，尤其夏季育苗时，太阳辐射强，气温高，再加上设施通风量大，空气对流剧烈，幼苗蒸腾作用旺盛，基质表面和排水孔水分蒸发量较大，育苗基质很容易失水，造成幼苗干旱缺水；二是基质启动肥添加量过多或育苗期间施肥浓度过高，基质中可溶性盐离子过多，水势下降，即使基质水分含量较高，但难以被根系吸收，会造成幼苗干旱，也称生理干旱。

2. 防治方法

（1）准确监控育苗期间基质湿度

可通过基质色泽、穴盘重量、指尖温度感应判断，也可以安装湿度探头和传感器进行实测，夏季高温要一日多次观测，确保基质湿度在65%以

上。当幼苗根系成坨后还可以拔出幼苗根系观测基质水分状况。

（2）基质填装时，使基质预湿至湿度50%左右，如果基质在干燥状态下填装，受表面张力作用，灌溉水很难渗下去，会出现孔穴表面流水，而孔穴基质中下部却完全干燥。

（3）每次灌水时水分要在重力作用下才能到达孔穴底部，应防止灌溉量较小，基质表面看似水分充足，但基质内部缺水。灌溉水质要符合要求，防止灌溉水盐离子浓度过高。

（4）基质添加启动肥或幼苗生长期间施肥，施肥量、施肥浓度、施肥间隔时间要严格控制。如基质中可溶性盐离子浓度过高时用纯水及时冲淋，可以有效降低基质盐离子浓度。

三、沤根

沤根又叫锈根、烂根。几乎所有蔬菜幼苗均可受其害，瓜类早春苗床发生较重，尤以育苗技术粗放、气候不良的地方极易发生。

1. 症状与发病原因

沤根多发生在幼苗发育前期，主要原因是苗床土壤湿度过高，或遇连阴雨雪天气，床温长时间低于12℃，光照不足，土壤过湿缺氧，妨碍根系正常发育，甚至超越根系耐受限度，使根系逐渐变褐死亡。

发生沤根的幼苗，长时间不发新根，不定根少或完全没有，原有根皮发黄呈锈褐色，逐渐腐烂。沤根初期，幼苗叶片变薄，阳光照射后白天萎蔫，叶缘焦枯，逐渐整株枯死，病苗极易从土中拔起。如黄瓜苗发生沤根，根部不发新根而腐烂，叶片发黄、焦枯；茄子、番茄、青椒苗等发生沤根，不长新根，幼根外皮逐渐腐朽，茎叶生长受到抑制，最后萎蔫死亡。

沤根苗在茎基部和根部不发生病斑，也不长霉状物，以此与猝倒病、立枯病等土传病害相区别。

2. 防治方法

防治沤根应从育苗管理抓起，宜选地势高、排水良好、背风向阳的地段作苗床地，床土需增施有机肥兼磷钾肥。出苗后注意天气变化，做好通风换气，可撒干细土或草木灰降低床内湿度。同时做好保温工作，可用双层塑料薄膜覆盖，夜间可加盖草帘。若条件许可，可采用地热线、营养盘、营养钵、营养方等方式培育壮苗。

发生轻微沤根后，要暂停浇水，及时松土，提高地温，以便促使新根生长；也可撒施细干土（或草木灰）吸湿，促使病苗尽快发出新根。

四、烧根

烧根多发生在幼苗出土期和幼苗出土后的一段时间，是栽培技术不良而人为造成的生理性病害。

1. 症状与发病原因

烧根现象多与床土肥料种类、性质、多少紧密相连，有时也与床土水分和播后覆土厚度有关。如苗床培养土中施肥过多，肥料浓度高则易产生生理干旱性烧根；若施入未腐熟有机肥，经灌水和覆膜后，有机肥发酵分解产生大量热量，使根际土温剧增，也易导致烧根；若施肥不匀，灌水不均以及畦面凸凹不平亦会出现局部烧根；若播后覆土太薄，种子发芽生根后床温高，表土干燥，也易形成烧根或烧芽。

症状表现为根尖发黄，须根少而短，不发新根，但不烂根，地上部茎叶生长缓慢，矮小发硬，叶色暗绿，无光泽，顶叶皱缩，易形成“小老苗”，严重时秧苗成片死亡。

2. 防治方法

苗床应施用充分腐熟的有机肥，氮肥使用不得过量。肥料施入床内后要同床土掺和均匀，整平畦面，使床土虚实一致，并灌足底水。播后覆土要适宜，消除土壤烧根因素。出苗后宜选择晴天中午及时浇清水，稀释土壤溶液，随后覆盖细土，封闭苗床，中午注意苗床遮阴，促使增生新根。

五、烧苗

烧苗是一种高温生理灾害，烧苗现象发生快，受害重，几小时之内可造成整床幼苗骤然死亡，损失惨重。

1. 症状与发病原因

烧苗多发生在气温多变的育苗管理中期，因前期气温低，后期白天全揭膜，一般不易发生烧苗。高温是发生烧苗的主要条件，尤其是幼苗生长中期，晴天中午若不及时揭膜通风降温，温度会迅速上升，当床温高达40℃以上时，容易产生烧苗现象。烧苗还与苗床湿度有关，苗床湿度大烧苗轻，湿度小烧苗则重。

烧苗初期表现为幼叶萎蔫，幼苗变软、弯曲，进而整株叶片萎蔫，幼茎下垂，随高温时间延长，根系受害，整株死亡。

2. 防治方法

要经常注意天气预报，晴天要适时适量做好苗床通风管理，使幼苗生长温度保持在20～28℃的适宜范围内。若刚发生烧苗，宜及时进行苗床遮阴，待高温过后床温降至适温可逐渐通风，并可适量从苗床一端闭膜浇水，夜间揭除遮阴物，次日再正常通风。

六、闪苗

闪苗也是因苗床管理不善，尤其是通风不良，造成幼苗生长环境突变而引起的一种生理失衡的病变。闪苗在整个苗期都可发生，而尤以定植前危害最严重。

1. 症状与发病原因

闪苗也叫“风干”，是蔬菜幼苗较长时间生长在弱光条件下，蒸腾作用较弱，突然受到较强的光照或猛然大量通风，引起叶片蒸发量剧增，会破坏原来根系吸收与蒸腾作用之间的水分平衡，柔嫩的叶片因失水过多又得不到及时补充而萎蔫，继而叶缘上卷，叶片局部或全部变白干枯，但茎部尚好，严重时也会造成幼苗整株干枯死亡。

2. 防治方法

避免“闪苗”首先要培育壮苗，经常通风炼苗。当苗床温度上升到20℃时就要开始通风，随着气温升高，通风口逐渐加大、由少到多，使苗床温度保持在幼苗生长适宜范围。有大风的天气，把覆盖物压好，防止被风吹跑。

已经发生闪苗的，要根据闪苗严重程度来处理。一般外叶完好，仅有零星黄斑的，可进行定植，对生长影响较小；如下部或边缘少部分叶片干黄，定植后加强管理，心叶会很快长出，虽影响第一穗果产量，但后期也能丰收；如闪苗严重，外叶全部枯干，最好丢弃不用，这种苗即使定植后能重新长出真叶，但对第一、二穗果实影响太大，成熟期推迟，前期产量减低。

七、气体毒害

在育苗过程中，常常遇到有毒气体对蔬菜秧苗产生危害，主要有氨气、二氧化硫、亚硝酸气、乙烯、二氧化碳等。

1. **症状与发病原因**

蔬菜育苗基本都是在设施条件下进行，设施内气流运动相对较弱，塑料覆盖物如聚氯乙烯薄膜挥发乙烯等气体，在冬季烟道加温、热风炉加温可能产生二氧化碳气体，高温条件下过量施用铵态氮肥和尿素可能产生氨气等，这些气体在设施内积累到一定的浓度，即可造成幼苗毒害。

蔬菜幼苗受氨气危害，叶片出现水浸状斑点，接着变成黄褐色，最后枯死，叶缘部分尤为明显，高浓度氨气还会使蔬菜叶片组织破坏，叶绿素分解，叶脉间出现点块状黑褐色伤斑，与正常组织之间界限较为分明，严重时叶片下垂，甚至全株死亡。受劣质农膜排放乙烯等气体的危害，幼苗通常表现为叶片下垂、弯曲，叶缘或叶脉间失绿呈黄白色直至枯死。二氧化碳中毒后，幼苗气孔开启较小，蒸腾作用减慢，叶内热量不易散发出来，幼苗体内温度升高，导致叶片萎蔫、黄化、脱落。

2. **防治方法**

加强设施的通风换气是防止有害气体毒害最有效的方法。在高温季节，减少铵态氮和尿素的施用浓度和频度，可以减少氨气的危害几率。杜绝使用不合格的劣质农膜，定期检查加温设备的烟道，配制基质使用完全腐熟的有机肥，对预防有害气体危害非常重要。一旦发现幼苗受到气体危害，灌水淋洗可以适当减轻危害程度。

八、徒长苗

徒长是苗期常见的生长发育失常现象。徒长苗缺乏抗御自然灾害的能力，极易遭受病菌侵染，同时延缓发育，使花芽分化及开花期后延，容易造成落蕾、落花及落果。

1. **症状与发病原因**

徒长苗又称高脚苗，其特征是苗茎细弱，节间长，叶片薄，叶色淡绿，组织柔嫩，根系不发达；定植后缓苗慢，成活率低，花芽分化晚且不正常，花芽数量少，畸形花和弱小花较多，易脱落。其中，子叶以下纤细瘦弱，子叶以上粗壮正常，称为高脚苗；子叶以下发育正常，而子叶到真叶间细长纤弱，称为高脖苗。

晴天苗床通风不及时、床温偏高、湿度过大、播种密度和定苗密度过大、氮肥施用过量、育苗期过长，是形成徒长苗的主要因素。此外阴雨天过多、光照不足也是原因之一。

2. **防治方法**

依据幼苗各生育阶段特点及其温度因子，及时做好通风工作，尤以晴天中午更应注意。苗床湿度过大时，除加强通风排湿外，可在育苗初期向床内撒细干土；依苗龄变化，适时做好间苗定苗，以避免相互拥挤；光照不足时宜延长揭膜见光时间。如有徒长现象，可用200毫克/千克矮壮素进行叶面喷雾，苗期喷施2次，可控制徒长，增加茎粗，并促根系发育。矮壮素喷雾宜早晚间进行，处理后可适当通风，禁止喷后1～2天内向苗床浇水。

九、老化苗

老化苗又叫小老苗、僵苗，是苗床土壤管理不良和苗床结构不合理造成的一种生理障害。

1. **症状与发病原因**

与徒长苗相反，老化苗生长发育受到抑制，幼苗生长迟缓，苗株瘦弱，叶片黄小，茎秆细硬，根系黄褐衰弱，不易发生新根，虽然苗龄不大，但看似如同老苗一样。定植后缓苗慢，花芽分化晚，容易形成落花落果。

苗床土壤施肥不足，肥力低下（尤其缺乏氮肥）、土壤干旱以及土壤质地黏重等不良栽培因素是形成老化苗的主要原因。透气性好但保水保肥很差的土壤（如沙壤土）育苗，更易形成老化苗。若育苗床上的拱棚低矮，也易形成老化苗。

2. **防治方法**

宜选择保水保肥力好的壤土作为育苗场地。如采用冷床育苗时，尽量提高苗床气温和地温。配制床土时，既要施足腐熟的有机肥料，又要施足幼苗发育所需的氮磷钾营养，尤其是氮素肥料尤为重要。并要灌足浇透底墒水，适时巧浇苗期水，使床内水分保持在70%～80%。苗期缺肥，可用0.2%的磷酸二氢钾喷洒叶面。

对已僵化的秧苗，应在疏松床土的基础上灌促进生根的药剂，以补充水分兼促进发根；同时叶面喷施天然芸薹素、碧护等植物生长调节剂和叶面肥，上下一齐促，可很快扭转。

十、黄瓜苗“戴帽”

在黄瓜育苗时，经常出现“戴帽”出土现象，“戴帽”苗易形成弱苗，影响苗的光合作用。

1. **症状与发病原因**

黄瓜苗出土时，出现有种皮夹在子叶上而不脱落的情况，即为“戴帽”。子叶是此时黄瓜进行光合作用的唯一器官，所以“戴帽”出土往往导致幼苗生长不良或形成弱苗，不但影响其光合作用，也影响黄瓜的结果率。

造成“戴帽”出土的原因很多：如种皮干燥；播种后所覆盖的土太干，致使种皮变干；覆土过薄，土壤挤压力小；出苗后过早揭掉覆盖物或在晴天中午揭膜，致使种皮在脱落前变干；地温低，导致出苗时间延长；种子秕瘦、成熟度差、生活力弱等。

2. **防治方法**

黄瓜苗“戴帽”除了在其出现的时候予以摘除外，更关键的是要预防。要挑选粒大饱满无虫的种子，并进行浸种处理。苗床土要细、松、平整，播种前浇足底水。育苗床要加盖塑料薄膜或草帘进行保湿，幼苗出土时，如床土过干要立即用喷壶洒水，保持床土潮湿。表土过薄时，可补撒一层湿润细沙土。

发现“戴帽”苗时，可趁早晨湿度大时，或喷水后用手将种皮摘掉。如果干摘种壳，很容易把子叶摘断。注意不要在晴天中午阳光强烈时“摘帽”，以免灼伤子叶。

第五章 番茄生理性病害

棚室番茄生产，在一个生长周期中有很长时间是在人为的密闭条件下进行的，就会出现露地条件下不出现或很少出现的生理性病害，还能诱发侵染性病害的发生，严重影响着番茄的产量和品质。

一、筋腐果

番茄筋腐果又叫条腐果、带腐果，俗称“黑筋”“花脸”“花皮”等，是棚室番茄比较普遍且较严重的一种生理病害。

1. 症状（图 5 –1）

番茄筋腐病有两种类型。一种是褐色筋腐病，幼果期开始发生，主要危害一、二穗果，在果实膨大期果面上出现局部褐变，果面不平，个别果实呈茶褐色变硬或出现坏死斑，剖开病果，可发现果皮里的维管束呈茶褐色条状坏死，果心变硬或果肉变褐，失去商品价值；另一种是白色筋腐病，主要发生在绿熟果转红期，病果着色不匀，轻的果形变化不大，重的靠近果柄部位出现绿色突起，病部有蜡状光泽，剖开病果可见果肉呈“糠心”状，果肉维管束组织呈黑褐色，部分维管束变褐坏死，变褐部位不变红，果肉硬化，食之淡而无味，再有重者维管束全部呈黑褐色，部分果实形成空洞，果面红绿不均。

筋腐病在茎叶上一般看不出来，但剖开距根部 70 厘米处的茎部，可见茎的输导组织呈褐色病变，导致果实出现上述病状。这是与病毒病不同的地方。

2. 发病原因

褐色筋腐病是由多种不良环境条件促成的，如光照不足、低温多湿、空气不流通、二氧化碳不足、高夜温、缺钾、氮素过剩以及病毒毒素等，单独一种因素很难导致发病。低温弱光、植株茂密、通透不良有利于该病发生。土壤水分过大、土壤氧气供应不足时，也有利于该病发生。施肥量过大，特别是铵态氮肥料施用过多，钾肥不足或钾的吸收受阻时，该病发生较重。施用未经充分腐熟的农家肥、密植、小苗定植、强摘心等都可能诱发该病。

白变型筋腐病通常认为是烟草花叶病毒感染所致，品种间差异较大，不抗烟草花叶病毒的番茄品种易发生白色筋腐病。

3. 防治方法

①选用抗病品种，如佳粉 1 号、佳粉 2 号、西粉 3 号和早丰等。幼苗定植不要过密，幼苗生长不要过于繁茂，冬春茬栽培苗龄不小于 60 天。

②选择透光性强的塑料棚膜，采用宽行栽培法，增加行间透光率。适时整枝，改善通风透光条件。秋冬季节的连阴天，也应拉开草帘见光，以促进生长。还需增施二氧化碳气肥，满足光合作用的需要。

③施用充分腐熟的有机肥，化肥要轻氮、少磷、重钾、补钙镁，重病地块减少氮肥用量。开花前喷含高磷高硼叶面肥，坐果后喷钾钙叶面肥，每隔 15 天一次，连续喷 2～3 次。发现病株，立即喷施 0.2% 的葡萄糖和 0.1% 的磷酸二氢钾混合液，以提高叶片中糖和钾的含量。

④浇水时最好采用膜下渗灌或滴灌，避免大水漫灌。浇水次数不要过多，每次灌水量不宜过大，每穗果浇 1 次水即可。

⑤注意提高棚温，并保证一定温差。冬季晚上夜温过低时，要增加前屋面的覆盖厚度或覆盖层数。夏季栽培可以覆盖遮阳网降低温度。

⑥整个生长期内，用 2.5% 阿克泰 2 500 倍、40% 白威特 6 000 倍、10% 一遍净 2 000 倍、40% 粉虱绝 6 000 倍液等药剂防治蚜虫、粉虱等传播媒介，同时用病毒 A500 倍或 1.5% 植病灵 1 500 倍喷雾防治烟草花叶病毒。

二、空洞果

空洞果也叫“空心果”，是指果皮与果肉胶状物之间具空洞的果实。

1. 症状（图 5－2）

空洞果手感轻，外表呈多角边菱形，切开后果实内部有明显的空腔，果肉与胎座之间缺少充足的胶状物，种子少或无种子，食时味淡无汁，甚至无酸味，品质差。有些果实外观虽不带棱角，但内部胎座却不发达，与果皮之间也存在空腔。

2. 发病原因

空洞果根据形成原因可分为三种类型。一是胎座发育不良，果皮、隔壁很薄看不见种子；二是果皮、隔壁生长过快及心室少的品种，节位高的花序易见到；三是果皮生长发育迅速，胎座发育跟不上而出现空洞。

一般早熟品种心室数目少，易发生空洞果；晚熟品种心室数目多，一般不发生空洞果。相同品种越冬茬及早春茬栽培时空洞果发生率高；秋冬茬及晚春茬栽培空洞果发生率低。当蘸花处理时，激素浓度过高或重复蘸花容易形成空洞果。

开花坐果期管理不当是造成空洞果的重要原因。番茄开花坐果后，若遇持续阴雨雪天气，果实内部养分供应不足，造成果皮与果肉生长不协调，容易形成空洞果；若光照不足再伴随高夜温，空洞果发生增多。花粉形成时遇到高温、光照不足致花粉不饱满，不能正常受精，使果实内部发育不完全而造成空腔。坐果后浇水及追肥量不匀，或是在结果盛期肥力不足，易形成空洞果，氮肥施用过多也容易形成空洞果。浇水温度低导致根系活力降低，如此时番茄果实正处于膨大期，易出现果中少肉现象。

3. 防治方法

①根据日光温室不同茬口，选择不易产生空洞果的品种。定植时剔除小苗，选适龄苗定植。

②育苗和结果期温度不宜过高，特别是苗期夜温不能过高。在第一花穗花芽分化前后，要避免持续10℃以下低温出现。开花期要避免35℃以上高温对受精的危害。开花坐果后，遇较长时间低温阴雪天气应及时加温。

③增施有机肥，合理搭配氮、磷、钾肥，避免氮肥施用过量。根据不同生长时期及土壤墒情确定浇水量与间隔天数。结果期增施二氧化碳气肥，促进营养物质积累。

④合理使用坐果激素，配制2，4－D或防落素时浓度要准确，蘸花时应把握花瓣伸长呈喇叭口状，特别是早春低温时要等花朵开放后再用激素喷涂。也可在花朵开放后，先振动授粉，再用激素处理。

⑤ 空洞发生较轻的果实，可通过加强肥水管理，促其正常成熟；空洞严重的果实，应尽早摘除，以免消耗养分。

⑥提倡喷洒0.01%芸薹素内酯乳油2 000～4 000倍液，或2%胺鲜酯水剂1 000～2 000倍液，或天达2116壮苗灵600倍液，或1.8%复硝酚钠

液剂 3 000 倍液，或于番茄开花前及结果期喷施富尔 655 液肥 300 倍液，促进植株旺盛生长、番茄提早成熟。

三、裂果

番茄裂果是一种常见的生理性病害，多发生在果实转色期。果实产生裂痕后不耐贮藏，商品性降低，还易感染杂菌，造成烂果。

1. **症状**（图 5－3）

根据发生的部位和形态，裂果可分为三种：

①顶裂果，果实脐部及周围果皮开裂（即菜农所指的笑果或破肚子），有时果实胎座组织及种子随果皮外翻裸露，受害果几乎完全失去商品价值。

②纹裂果，又分为三种类型。一是放射状纹裂，以果蒂为中心向果肩延伸呈放射状开裂，从绿熟期开始先出现轻微裂纹，转色后裂纹明显加深、加宽；二是同心圆状纹裂，以果蒂为中心，在附近果面上发生同心圆状的细微裂纹，严重时呈环状开裂，多在成熟前出现；三是混合状纹裂果，放射状纹裂与同心圆纹裂同时出现，呈不规则形裂口的果实。

③纵裂果，果实侧面有一条由果柄处向果顶部走向的弥合线，轻者在线条上出现小裂口，重者形成大裂口，有时胎座、种子外露。

2. **发病原因**

①与品种特性有关。一般来说，果皮薄、果实圆形的大型果容易出现裂果，而果皮厚、高圆形的属抗裂品种。

②环境条件所致。育苗期在花芽分化期夜温低，尤其夜温长期低于 8℃，再加上土壤干旱，氮肥偏多等因素影响，造成植株对钙和硼的吸收障碍，花器养分缺少，形成花柱开裂的畸形花和雄蕊靠在子房上的畸形花，从而结出顶裂果和横裂果。在果实发育后期或转色期遇高温、强光照射、干旱，特别是久旱后灌水或遇大雨，果皮的生长与果肉组织的膨大速度不同步时，膨压增大而出现裂果。

③缺素所致。土壤中缺钾、钙、硼等元素，或在不良土壤环境条件下造成植株对钙、硼的吸收障碍时，也容易产生裂果。

④应用植物生长调节剂不当。使用保花保果激素浓度过大，水肥跟不上，造成子房畸形发育，或者局部生理机能旺盛，引起生理失调而产生裂果。

⑤打顶过早，养分集中供应到果实而造成裂果。

3. 防治方法

①选择抗裂、枝叶茂盛的品种，一般以长形果、果蒂小、果皮内木栓层薄的品种为宜。如中蔬6号、毛粉802、红玛瑙140、红杂16等。

②育苗期要保持充足的光照，温度不可过高或过低，从幼苗期2～4片叶开始，苗床气温保持白天24℃左右，夜间15～17℃，一直维持到定植前半个月，特别是夜温不能长时间低于8℃。

③整枝打杈要适度，避免养分集中供应果实造成裂果。防止阳光直射果皮，在秋延迟栽培及早春栽培后期，下部叶片不要过早打掉，可为果实遮阴。夏季阳光过强时，可使用遮阳网或间隔式放草苫遮阴，以降低温度。

④增施有机肥和生物肥料，为根系生长提供良好环境。增施钾肥，促使果皮增厚。定植后叶面喷施钙肥、硼肥，避免因缺钙、缺硼导致果皮老化。果实膨大期忌施速效氮肥。

⑤避免土壤过干过湿，尤其果实膨大期土壤水分应保持在80%左右。切忌前期干旱，后期大水漫灌，可采取“小水多灌”的方式，少量多次提供作物生长所需水分，降低裂果率。

⑥正确使用植物生长调节剂。使用激素喷花要针对不同品种、不同温度，合理确定使用浓度，避免出现裂果。

⑦叶面喷洒96%硫酸铜1 000倍液，或0.1%硫酸锌加0.1%硼砂，可起到预防裂果的作用。用85%比久2 000～4 000倍液喷施生长中的果实，或用氯化钙1 000倍液涂抹生长中的果实，也可起到防止裂果的效果。

四、细碎纹裂果

番茄还有一类裂果叫细碎纹裂果，其共同特点是纹裂仅局限于外果皮，并不向果实内部发展。

1. 症状（图5－4）

果实表面出现密集的细小纹裂，纹裂宽0.5～1.0毫米、长3～10毫米，通常以果蒂为圆心，呈同心圆状排列，随果实生长，纹裂会逐步木栓化。也有的纹裂呈不规则形，随机排列。还有纹裂细而长，几乎是由多个小粒点相连而成，从坐果时开始出现，直至果实成熟都有发生。

2. 发病原因

在供水不均的情况下，果面潮湿、老化的果皮木栓层吸水涨裂，形成细小纹裂。植株缺硼，也会出现细碎纹裂果。细碎纹裂果的出现也与品种特性有关。

3. 防治方法

①选择抗裂性强的品种，一般果形大而圆、果实木栓层厚的品种，比中小型、高桩型果形和木栓层薄的品种更易产生裂果。

②增施有机肥，适量补充钙肥和硼肥。氮肥、钾肥不可过多，否则会影响对钙的吸收。合理浇水，避免土壤忽干忽湿，特别应防止久旱后浇水过多。秋延后番茄在温度急剧下降时，要避免湿度变化过快。

③防止阳光直射果肩，以预防果皮老化。在选留花序和整枝绑蔓时，要把花序安排在支架内侧，靠自身的叶片遮光。打顶尖时在最后一个果穗的上面要留两片叶，为果穗遮光。要及时通风，降低空气湿度，缩短果面结露时间。

④喷施85%比久水剂2 000～4 000倍液，增强果实抗裂性。

⑤果实成熟后在未开裂前及时采收。

五、脐腐果

番茄脐腐果又称蒂腐果、顶腐果，俗称“膏药顶”、“烂脐”，是番茄上发生较普遍的病害。保护地番茄发生较重。

1. 症状（图5－5）

脐腐病多发生在第1、2穗果实上，同一花序的果实几乎同时发病。在果实如拇指大小到着色成熟前均可发病，特别是在果实鸡蛋大时最易发生。病斑只发生在果实顶端的脐部，初为水浸状暗绿色，不久变为暗褐或黑色的直径1～2厘米以上的坏死斑，其下部果肉干腐收缩，脐部凹陷，有时龟裂，果实变扁，果肉变甜。严重时病斑扩大到半个果面，果实停止膨大提早变红，果皮柔韧、无光，失去食用价值。遇潮湿条件，表面还会生出白色、粉红色及黑色腐生真菌的霉层。

2. 发病原因

番茄脐腐病发生的直接原因是缺钙。据测定，果实含钙量低于0.2%时即出现脐腐病。土壤调查也表明，土壤中钙浓度低于100毫克/千克时，会出现大量脐腐病果。

连续高温、空气干燥、土壤缺水、忽旱忽涝以及土壤盐分过高、pH值过低、空气湿度过大等环境因素会妨碍对钙的吸收；多年连种，过量使用氮、磷肥，都会抑制对钙的吸收；土壤中钾、镁、铵等离子含量太高，也会影响钙的吸收，进而加重脐腐病的发生。

果皮较薄、果顶平及花痕较大的番茄品种容易发生脐腐病。

3. 防治方法

①选用果皮光滑、果实较尖的品种，尤其是对土壤溶液中钙离子偏少不十分敏感的品种，如长春1号、中杂11号、中杂12号、鲁番茄5号等。

②育苗床土要用未种过茄果类蔬菜的肥沃大田土与适量有机肥混匀，并适当添加钙素化肥。定植时多施腐熟有机肥，注意氮、磷、钾适当，避免氮肥过多。缺钙土壤应施用过磷酸钙、硝酸钙，以补充钙素不足。酸性土壤应施用石灰，将pH调节至6.5～7.0。

③坐果后30天内，叶面喷施1%的过磷酸钙浸出液，或0.5%氯化钙加5毫克/千克萘乙酸，或0.1%硝酸钙，隔15天一次，连续喷洒2次，可预防脐腐果发生。

④适时灌水，防止土壤过干过湿。定植水和开花坐果水水量均不能太大，直到第三花序开放、第一穗果如鸡蛋大小时，才能浇大水。夏季灌水宜在清晨或傍晚进行，注意做到勤浇、浅浇。

⑤及时疏花疏果，减轻果实间对钙的争夺。摘除枯死花蒂和病果，疏掉失去功能的老叶、病叶。

⑥发生脐腐果，立即喷布脐腐宁或脐腐王予以防治，间隔7～10天，连喷2次。

六、日灼果

番茄日灼果又称日灼病、日烧病，多发生于果实膨大期。

1. 症状（图5－6）

由太阳强光直射灼伤所致，主要危害果实，也可危害叶片。果实被灼部呈现大块褪绿变白病斑，表面有光泽，呈透明革质状，并凹陷。病斑的大小、形状各异。后期病部稍变黄，表面有时出现皱纹，干缩变硬，果肉坏死，变成褐色块状。病部表面受病菌侵染时，长出黑霉或腐烂。叶片被害，初期叶片部分褪绿，以后变成漂白状，最后变黄枯死或叶缘枯焦。

2. **发病原因**

温室大棚番茄定植过稀或整枝、打顶过重，或摘叶过多，使果实暴露在枝叶外面，受阳光直射，果实温度过高而被灼伤。早晨果实上有露珠，如太阳光正好直射到露珠上，露珠起聚光作用而吸热，也能灼伤果实。天气干旱、土壤缺水或雨后暴晴，都易加重病情，产生大量日灼果。

3. **防治方法**

①选用枝叶繁茂的品种。种植时注意行向，一般南北行向日灼发生较轻。定植密度要适宜，适时适度整枝、打杈，果实上方要留有两片以上叶片遮阴。搭架吊蔓时，尽量将果穗安排在内侧。

②温室大棚温度过高时，要及时通风促使果面温度下降，及时灌水降低植株体温。夏季高温季节阳光过强时，可放花帘或半帘，也可覆盖遮阳网降温。

③增施有机肥，提高土壤保水性能。高温季节果面喷施85%比久可溶性水剂，或0.1%硫酸铜（硫酸锌），或27%高脂膜水乳剂，提高植株抗热能力。

七、畸形果

番茄畸形果也称变形果，冬季保护地栽培发生较多。

1. **症状（图5－7）**

一般正常的果实为球形或扁球形，4～6个心室，放射状排列。而畸形果各式各样，田间经常见到的畸形果有扁圆果、椭圆果、偏心果、双（多）圆心果、桃形（尖顶）果、指形（瘤状）果、豆形果、菊形果、猫脸果、拉链果、疤果、裂果、空洞果等。

2. **发病原因**

番茄果实能否发育正常，主要取决于花芽分化的质量。通常番茄发芽后25～30天、2～3片真叶时，第一序花开始分化；35～40天第二序花开始分化；60天第三序花也开始分化，这时幼苗长至7～8片真叶，已现蕾或开花。花芽分化阶段如遇不良环境或管理不当易形成畸形果。

在花芽分化时遭遇5～6℃的夜温，易产生畸形果，冬春茬番茄1～2穗果易畸形多是这个原因。氮肥过多致番茄花芽过度分化，心室数目增多，形成多心室畸形果。用2，4－D或番茄灵蘸花，如果浓度过高、重复蘸花，或蘸花时温度过高、土壤干旱等，容易产生畸形果。花没完全展开时蘸花，易产生空洞果。

这其中，扁圆果、椭圆果、偏心果、双（多）圆心果等畸形果发生的直接原因是花芽分化及花器发育时土壤中速效养分含量过高，养分吸收超过了花芽分化的需要量，致使花器畸形而形成畸形果，低夜温会加重畸形。指突果是营养物质分配不均，促使正常心皮分化出独立的心皮原基而产生。桃形果是由于植株老化，营养物质积累不足引起心室减少，子房畸形发育，使用2，4－D等激素蘸花时浓度过高，会增多桃形果数量和严重程度。豆形果是因为营养条件差，果实长不大而形成。菊形果系心室数目多，施用氮、磷肥过量或缺钙、缺硼时易产生。

3. 防治方法

①选用不易产生畸形果的品种。一般耐低温弱光性强、抗旱涝、抗逆性强的品种不易出现畸形果，如金棚一号、东圣一号、春雷、红玉、红宝、西粉3号、佳红、丽春等品种。

②加强育苗期管理。尤其是幼苗第1、2花序的花芽发育阶段，即2～5片真叶展开期，是低夜温诱发畸形果发生的敏感期，要保持适宜的昼温和夜温，防止出现10℃以下低温。还要保持苗床土壤湿度在60%～80%，以利花芽分化。

③慎重使用生长调节剂。在苗期特别是花芽分化期间，应尽量避免使用矮壮素、乙烯利等植物生长调节剂。使用激素保花要严格掌握浓度、方法和蘸花时间，尤其要注意处理第一花序的药剂浓度。蘸花最好选用番茄灵，药液浓度依据温度高低灵活掌握。1～3穗果的第1果易形成畸形果，应在蘸花前疏去。

④施肥要做到氮、磷、钾和微量元素配合，切忌偏施氮肥。生长期适当喷施宝多收、叶面宝、光合微肥、0.5%尿素＋0.3%磷酸二氢钾等叶面肥或含硼、钙的复合微肥。要根据生长季节、植株长势和需水量合理浇水，切忌土壤忽干忽湿。

⑤植株出现徒长时，切勿采用急剧降温、干旱“控苗”，或滥用植物生长调节剂等措施进行控制，应通过适度通风降温和控制湿度等办法来调节。

⑥发现畸形果应尽早摘除，减少养分消耗，促使其他花、果生长。

八、僵果

1. 症状

番茄僵果又称小豆果或小粒果，主要是指坐果后停滞生长发育不脱落的僵化无籽的老小果实，小如豆粒，大如拇指，硬度大，无利用价值。

2. **发病原因**

番茄在蕾期或开花期如遇温度过高或过低同时日照不足，花器发育不良而不能正常授粉，就易出现僵果。番茄果实膨大初期，如果水肥供应不足，也易形成僵果。点花时激素使用不当或磷肥过多，影响钾肥吸收，也会产生僵果。品种间出现僵果的差异很大，花序大而乱、不耐低温弱光的品种易形成僵果。

3. **防治方法**

①注意选择优良品种，尤其是选用耐低温弱光的品种，如中杂10号、江苏2号、辽源多丽等品种。

②花期严格温度管理，如果棚温过高，可以采用遮阳网覆盖或放花帘降温。

③加强肥水管理，保证肥水供应，促使番茄膨大。冬季追肥应以氮磷钾复合肥或有机肥为主，并适当施入钙肥。如果磷肥施用过多，应补施钾肥。冬季浇水忌大水漫灌，以免水大伤根。

④遇连续阴雨雪天气，可将夜温降至10~12℃，使番茄维持在最低的生长温度，以减少营养消耗，可减少僵果的发生。

⑤必要时进行人工辅助授粉，如可用振荡授粉器或用竹竿敲打。严格按照说明书使用保花保果激素，合理确定激素的使用时间和使用浓度。

九、绿背果

1. **症状（图5-8）**

果肩部或果蒂附近残留绿色斑块或绿色区，一直不变红，绿色区果肉变硬，果肉酸，品质下降。

2. **发病原因**

绿背果多发生在偏施氮肥、缺少钾肥及硼肥、土壤干燥情况下。

3. **防治方法**

①施用充分腐熟的有机肥，注意氮、磷、钾配合，必要时喷洒含硼的复合微肥。

②最好采用滴灌或膜下暗灌，适时适量浇水，防止土壤过分干燥。

③果实成熟期注意增光提温，白天棚温控制在25~30℃。

④施用云大120植物生长调节剂（芸薹素内酯）3 000~4 000倍液或

1.8%爱多收液剂6 000倍液，隔10～15天左右喷一次，连喷2～3次。

十、茶色果

1. 症状（图5－9）

番茄果实成熟后变红，但红中显露出褐色而使果实呈茶褐色，表面发污，光泽度差，商品性状明显降低。茶色果多发生在保护地栽培上。

2. 发病原因

茶色果由果实成熟过程中色素变化不正常所致。果实中叶绿素分解慢而番茄红素（又称茄红素）形成量又少就会形成茶色果。

低温、弱光是产生茶色果的根本原因。果实成熟期气温低于24℃，叶绿素就会增多，并延迟番茄红素形成，导致茶色果出现。

偏施或过量施用氮肥，植物体内盐分浓度提高，妨碍了果实中叶绿素分解，也易引起茶色果。钾、硼缺乏，叶绿素分解酶活性低，也导致果实不能转红。

3. 防治方法

①避免偏施、过施氮肥，以免营养生长过旺。

②采取滴灌或膜下灌水，灌水要适时、适量，保持土壤湿度适中。地下水位浅的地方应进行高畦栽培，提高土壤透气性，注意排水。

③番茄果实成熟期注意增光提温，保持棚膜清洁，不宜过度密植，适度打掉植株下部老叶，增强果实受光率。

④正确使用乙烯利进行果实催熟处理。可进行涂果催熟，在果实由绿转白时用乙烯利800～1 000倍液涂抹在萼片与果实的连接处；也可全株喷药催熟，在植株生长后期采收至上层果实时，全株喷洒800～1 000倍液的乙烯利，既促进果实转红，又兼顾茎叶生长。

十一、网纹果

1. 症状（图5－10）

番茄网纹果又叫网筋果、网络果、显网果。果实成熟期症状明显，果皮中维管束呈网状，透过果皮，网状维管束清晰可见。病果采收后会迅速软化，严重时果实内部呈水浸状，切开时有部分胶状物流出。即使果皮变红，但多数果胶还呈绿色。果实味道变劣，保存时间短，商品性极差。

2. 发病原因

主要原因是土壤缺水，尤其是果实膨大期缺水，果皮变薄下凹且显网纹，一旦形成很难恢复。土壤水分由合理转为缺乏的过程中网纹果发生率相应提高。

土壤氮素多且地温较高时，肥料易于分解，植株吸收养分急剧增加，果实膨大迅速，易形成网纹果；土壤缺肥，植株体内养分供应不足，也会产生网筋果。

品种间表现出很大的差异性，长势弱的品种易形成网纹果。苗龄长、根系弱、长势差的老化苗也容易结出网纹果。

3. 防治方法

①选用生长势强、网纹果出现频率少的品种，如温室秋冬茬、大棚秋延后茬应选用L402、毛粉802、中杂9号、吉粉3号、东农704等品种，越冬及早春栽培宜选用毛粉801、吉粉2号、佳粉15号、佳粉17号等品种。同时要选用壮苗定植，定植时苗龄不宜过长。

②适时适量浇水，避免土壤长期干旱或忽干忽湿。尤其在栽培后期，要保持适宜的土壤湿度。棚室栽培时要及时放风，白天温度不要超过30℃。

③深耕土壤，扩大根系吸收面积，防止脱肥；适量施肥，保持植株的生长势，预防早衰。

④网纹果不耐贮运，发现网纹果要及时采收，及早上市。

十二、木栓化硬皮果

1. 症状（图5－11）

番茄植株中上部容易出现木栓化硬皮果。病果体积小且果形不正，表面产生块状木栓化褐色斑，严重时斑块连接成大片，并产生深浅不等的龟裂，病部果皮变硬。

2. 发病原因

由植株缺硼引发。土壤酸化，硼被大量淋失，或施用过量石灰都易引起硼缺乏。土壤干旱，有机肥施用少，也容易导致缺硼。钾肥施用过量，可抑制对硼的吸收。在高温条件下植株生长加快，因硼在植株体内移动性较差，往往不能及时、充分地分配到急需部位，也会造成植株局部缺硼。

3. 防治方法

①适当增施有机肥，尤其是含硼较多的腐熟厩肥。土壤缺硼时，应在

基肥中适当增施含硼肥料。

②保护地土壤易酸化，要注意改良，适当加入生石灰，将土壤酸碱度调到中性稍偏酸性为好（pH6.7～7.0）。如系沙质土，可掺入黏质土进行改良。

③适时适量灌水，保证植株的水分供应，防止土壤过干或过湿，以免影响根系对硼的吸收。

④出现缺硼症状时，及时叶面喷施0.1%～0.2%硼砂溶液，7～10天一次，连喷2～3次。也可每667平方米撒施或随水追施硼砂0.5～0.8千克。

十三、果实着色不良

1. 症状

除苹果青等个别绿色品种外，番茄果实成熟时都要变为不同程度的鲜红色、粉红色。着色不良果实不能正常均匀着色，未表现出该品种固有的颜色，果面变黄、变淡或果肩变黄、果肩黄绿色、果肩残留绿色等。着色不良区的果肉较硬，果实味酸，口感较差。

2. 发病原因

温度不适宜是造成番茄着色不良的主要原因。番茄温度于18～26℃时果实着色最佳，日温高于32℃时果实生长及成熟快，茄红素形成受阻而影响着色。当温度过低时，也会影响果实着色。

肥水管理不当也会影响果实正常转色。如氮素过多，植株生长势强，此时水分不足时会发生绿肩着色不匀；缺氮时出现果肩黄色；缺钾时果肩黄绿色，果心部维管束木质化；缺硼时果肩残留绿色并有坏死斑。

通风透光性不好，也会影响果实正常着色。棚膜老化，棚膜上灰尘多，或种植密度过大、植株徒长、叶片相互遮阴等，会延缓果实成熟时间以及色素的转化。

3. 防治办法

①施用充分腐熟有机肥，合理施用氮、磷、钾肥，必要时喷洒含硼复合肥，提倡施用促丰宝或惠满丰等多元复合叶肥。

②浇水时注意要小水勤浇，提倡用滴灌或膜下暗灌，不可大水漫灌，注意不要在中午或午后温度高时浇，以免根系受伤，影响对养分的吸收。

③果实成熟期注意增光提温，若遇低温、弱光照天气，要注意加强保

温，增强光照，必要时可人工补光。

④要根据品种、茬口等确定适宜的种植密度。当果实充分长大后，可摘除下部叶片，其中病叶也要及时摘除，以增加其通风透光性，促使果实正常着色。

⑤因温度达不到茄红素生成的要求迟迟不能转红时，可在采摘前药剂催红。番茄催红大多使用40%乙烯利，每50毫升加水4千克混匀后使用，用小块海绵浸蘸或戴上棉纱手套浸蘸药液涂抹果实表面，单株催红一般以每次1~2个为好，否则会因植株受药量过大而产生药害。还要注意药液不能污染叶片，否则会导致叶片发黄凋落。

十四、生理性卷叶

发生于番茄采收前或采收期，一般在封顶后易发生。

1. 症状（图5-12）

表现为植株叶片向上卷呈筒状，卷叶严重时叶片变厚、发脆。从整个植株看，轻者仅下部或中、下部叶片卷叶，重者整株叶片均卷叶。从叶片卷曲程度来看，轻者仅叶缘稍微向上卷，重者卷成筒状。轻度卷叶会使番茄果实变小，严重卷叶会导致植株代谢失调，营养积累减少，坐果率降低，果实畸形，品质下降，产量锐减。卷叶后部分果实直接暴露在阳光下，还易引起日灼病。

2. 发病原因

番茄生理性卷叶通常是由不良环境条件和管理措施不当造成的。番茄叶片在高温、强光下蒸腾失水易萎蔫卷曲。果实膨大期土壤缺水或根系受损，番茄卷叶会加重。土壤缺水或干旱后大量灌水，水分供应不均衡也会引发生理性卷叶。整枝、摘心过早或过重，会影响叶片的正常生长和发育，诱发卷叶。误将激素使用在叶片和生长点上，或激素浓度过高，也会使番茄叶片卷曲，果实畸形或开裂。

3. 防治方法

①选用早丰等抗性品种，并培育壮苗，使植株生长健壮而不徒长。

②定植后至坐果前进行抗旱锻炼。坐果后适时、均匀灌水，避免过度干旱。干旱后不要浇大水，尤其注意在高温的中午不能浇水，以免因地温突然降低，根系不能适应而使吸水受挫，引起生理干旱。生理性缺水所致卷叶发生后，应及时降温、灌水，短时间即可缓解。

③根据番茄的需肥特点，进行测土配方施肥或施用茄果专用肥。对于缺素所引起的生理卷叶，应采用叶片喷施相应肥料或多元素微肥，及早予以补救。

④适时适度进行植株调整，保持合理的叶面积。侧芽长度应超过 5 厘米以后方可打掉；摘心宜早、宜轻，在最后 1 穗果上方留 2 片叶摘心。

⑤棚室栽培时注意通风换气，避免通风不良。高温季节要利用遮阳网及采取其他遮光降温措施。

⑥正确掌握生长调节剂的使用浓度，避免生长调节剂污染叶片和生长点。使用 2，4 – D 时浓度不要过大，或者改用“番茄灵”蘸花。

十五、低温冷害

1. 症状

多发生在春茬番茄早期和秋茬番茄后期，植株遭受低温冷害，生理代谢失调，生长发育受阻。因受害程度和受害时间不同，症状也有差异。子叶展开期遇低温，表现为子叶小或胚轴短，子叶上举或叶背向上反卷；花芽分化期遇低温，真叶小，暗淡无光，色较深，形成畸形花；定植期遇低温，叶片呈掌状，叶色浓绿，根系生长受抑，果实着色不良和形成畸形果。对番茄整个生育过程来说，由于低温抑制了茎叶生长，致苗弱叶片皱缩，叶绿素减少，出现黄白色花斑或呈黄化状态，植株生长迟缓、着花不良、萎蔫、局部坏死、坐果率低、果实朽住不长或膨大慢、品质产量下降等。

低温还影响根系对磷的吸收，妨碍对钙、钾、镁等营养元素的吸收和利用，使叶片黄化加剧。

2. 发病原因

番茄虽然比较耐寒，但温度低于 15℃则生长缓慢，易形成畸形花和落花落果，温度降到 10℃时植株停止生长，长时间 5℃以下的低温能引起低温危害，－2～1℃可导致番茄死亡。低温和低温冷害还扰乱了叶绿素合成系统的功能，致净光合产率下降。

番茄对缓慢降温有一定适应能力，对突然降温抵御能力较差。

3. 防治方法

①选用耐低温弱光品种，如长春早粉、早霞、津粉 65、毛粉 802、佳粉 17 号等。正确确定播种期、定植期，选择寒尾暖头的无风晴天播种或

定植。

②播种前将泡胀后的种子在0℃左右的温度下冷冻1～2天，可增强秧苗抗寒性。把要发芽的种子每天在1～5℃的较低温度下放置12～18小时，接着转移到18～22℃的较高温度下放置12～16小时，如此反复数日，也能显著提高秧苗抗寒力。定植前进行低温炼苗，有利于定植后根系恢复生长。

③在低温逆境下，叶面上喷施光合微肥，可补充因根系吸收不足而造成的缺素症。叶面喷100～300倍的米醋，可抑菌驱虫。米醋与白糖和过磷酸钙混用，可提高抗寒性。于傍晚喷施27%高脂膜乳剂80～100倍液或巴姆兰丰收液膜250倍液，也有较好的防冻作用。注意低温季节不要使用生长素类调节剂，以防降低抗寒性。

④遇寒流侵袭时，应采取增温保温和加温措施。

十六、高温障碍

1. 症状

多发生在春茬番茄后期或秋茬番茄早期，番茄叶片出现叶烧症。初期叶绿素减少，叶片的一部或大部甚至整个叶片变成漂白色状，后变黄枯死。叶烧症轻者仅叶缘烧伤，重者半叶至整叶灼伤，成为永久性萎蔫。秋茬番茄高温障碍还影响花芽分化，使花器变小，发育不好，或受精不良而落果。春茬番茄遇高温可影响果实着色，易出现红白黄杂色果。

2. 发病原因

白天温度超过30℃，夜间温度超过25℃，番茄生长迟缓，影响结果；超过40℃，生长停顿；超过45℃，茎叶易发生日烧，并产生坏死，引起茎叶损伤及果实异常。高温可导致叶肉组织细胞缺水过多而死亡、变白。

3. 防治方法

①遇高温应及时进行通风，使叶面温度下降。通风要根据季节变化，春茬放风由小到大，秋茬放风由大到小，循序渐进。

②当棚室内温度过高而相对湿度较低时，可喷冷水雾增湿降温，增加植株抗热能力。这对排除临时性高温危害很有效果。

③当阳光过强、棚内外温差过大、不便放风降温或轻放风不能降到所需温度时，可采取挂遮阳网、放半帘或花帘等办法遮阴降温。高温、强光天气还可用冷水灌溉，对降低地温十分有效。

④喷施光合微肥等叶面肥，提高植株叶片对强光、高温的忍耐力；喷洒0.1%硫酸锌或硫酸铜溶液，可提高植株的抗热性，增强抗裂果、抗日灼能力；用2，4－D浸花或涂花，可以防止高温落花，促进子房膨大。

十七、落花落果

1. 症状

番茄落花落果现象在生产上比较常见，特别是冬春茬栽培的番茄，第一、第二花序开花期间正值低温寒冷季节，落花落果尤为严重。

2. 发病原因

温室内栽培的番茄，大都在严寒的冬季育苗，春节后开花，如环境条件差或管理不当，极易造成落花落果。具体原因有：

①光照不足。由于番茄是强光植物，而冬季光照又较弱，尤其遇上连阴雪天，再加上多层覆盖，使光照明显减弱，这是造成落花落果的主要原因。

②开花期温度低，花期夜温低于15℃时间过长，影响授粉受精，使之坐不住果而落花。

③营养生长过旺或植株生长衰弱。花期干旱缺水或供肥不足，激素分泌减少，易形成离层而落花落果。

④育苗期间夜温过高过低，日照不足，床土过干过湿，磷肥缺乏等，都会影响花芽的正常分化，造成后期的落花落果。

此外，果型的大小与落花之间有很大关系，大果型品种易落花，小果型品种不易落花。

3. 防治方法

①加强苗期管理，在幼苗花芽分化期间加强温度、光照、水分、营养的管理，培育壮苗。分苗和定植时要减少伤根，加快缓苗。定植后对生长过旺的苗子以控为主，少浇水、少施肥；对生长过弱的小苗，以促为主。

②选用透光率高的无滴膜，在温室后面挂聚酯镀铝反光幕，白天尽可能早揭晚盖覆盖物，勤清扫棚膜，阴雪天也要争取散射光，在不受冻害的前提下，使植株尽可能多见光。控制好温室内温度，避免发生冷害。花期不旱不浇水，不施肥，保持植株的营养生长和生殖生长平衡。及时整枝打杈摘心，防止植株徒长。

③花期应用植物生长调节剂2，4－D和防落素蘸花，同时加入0.1%速克灵防治灰霉病。

十八、紫斑叶

1. 症状（图5－13）

植株瘦弱矮小，叶片僵硬，无光泽，叶脉间有紫红色斑块，叶背叶脉呈现明显的鲜紫红色。植株下部老叶变黄，边缘上卷，有不规则褐色至紫褐色枯斑。病株果实小，生长慢，成熟迟，心室内空凹，颗粒薄而小，含糖度低。

2. 发病原因

由于植株缺磷所致。番茄苗期和结果期需磷较多，容易缺磷。酸性或偏酸性土壤及土壤紧实情况下容易缺磷。土壤水分不足或温度偏低，可降低土壤中磷的有效性或根系的吸收能力，使植株出现缺磷症状。

3. 防治方法

①改良土壤，调整土壤酸碱度，提高磷的利用率。土壤含磷量少，可在定植前每667平方米施过磷酸钙20～25千克或磷酸二氢铵10千克。要将磷肥与粪肥混合施入土壤，并深翻混匀，保持磷素的持久有效性。

②科学浇水，保持一定的土壤湿度，避免土壤干燥。加强棚室温度管理，注意增温保温。

③当出现缺磷症状时，叶面喷施0.2%～0.3%磷酸二氢钾溶液，或0.5%～1.0%过磷酸钙浸提液（将过磷酸钙浸泡24小时后取上清液）。

十九、黄花斑叶

1. 症状（图5－14）

在果实膨大期，植株下部老叶叶脉间叶肉褪绿、黄化，形成黄色花斑，叶面似绿网。严重时叶片略僵硬，边缘上卷，黄斑上出现坏死斑点，并可在脉间愈合成褐色块，致使叶片干枯，整叶死亡。症状会向中、上部叶片发展，直至全株叶片黄化。

2. 发病原因

由植株缺镁所致。由于施钾肥过多，或土壤呈酸性，或土壤含钙较多，影响了番茄对镁的吸收。棚室温度，特别是土温偏低时，会降低镁的吸收量。此外，有机肥不足或偏施氮肥，也会造成植株缺镁。

由于镁在植物体内移动性很强，当植株生长需要镁而吸收跟不上时，就从下部叶片夺走大量镁元素，因此缺镁首先表现在下部叶片。

3. 防治方法

①改良土壤，避免土壤偏酸或偏碱。

②施足腐熟有机肥，并适时、适量追肥。做到氮磷钾肥的合理配比，避免氮肥、钾肥过多。适当控制灌水，避免大水漫灌，促进根系生长发育。

③缺镁土壤可施用含镁的完全肥料，如厩肥的含镁量为干物质的0.1%～0.5%。发病初期可叶面喷施0.2%～0.4%硫酸镁溶液，或喷施复合微肥。

④前期做好增温、保温工作，地温应保持在16℃以上。

二十、裂茎病

1. 症状

又称番茄“天窗”茎，露地、保护地都有发生，主要发生在高温期。多是定植后20～30天在第3花穗附近发生。初时茎一部分坏死变褐，7～14天后茎部异常，在节间出现纵沟凹陷，逐渐形成孔洞。轻微时，只形成纵沟或线形、“Y”字形缝隙。严重时，纵沟深凹成洞，并穿透茎形成中空，状如“天窗”。症状不仅出现在主枝，腋芽也有发生。裂茎一旦发生，发生部位的节间就显著缩短，叶对生，花穗弱，往往着果不良。

2. 发病原因

主要是番茄定植后，由于高温、控水过度、氮肥过多，抑制了钙、硼的吸收，致使幼嫩生长点受害或茎受伤所致。

3. 防治方法

①选用节间伸长容易、均匀的品种。

②根据前茬的残肥量调节基肥量，合理用肥，氮、磷、钾肥配合施用，注意钙、硼肥施用，避免氮肥过多。发现土壤干燥应及时浇水，但避免灌大水。

③高温期要加强放风降温，务使棚内温度不超过35℃。越夏栽培时，要用遮阳网或旧的塑料薄膜为覆盖物遮光降温。

④发生裂茎时，可用侧枝代替主枝开花结果。

二十一、银叶病

1. 症状（图5－15）

3～4片叶为敏感期。被害植株生长势弱，株型偏矮，叶片下垂，生长点皱缩，茎部上端节间短缩；茎及幼叶和功能叶叶柄褪绿，初期为沿叶脉变为银色或亮白色，以后全叶变为银色，在阳光照耀下闪闪发光，故名银叶反应。但叶背面叶色正常，常见有白粉虱成虫或若虫。此病过去很常见，现在多数品种对此病有抗性，只在部分温室有发生。

2. 发病原因

银叶病发病原因尚无确切的定论，但多认为由以下三种情况引起：一是光照强、温度高造成叶温过高，引发该病；二是施用氮肥过多，加上气温高、光照强、空气湿度小等原因造成；三是病毒性病害，较多的看法是B型烟粉虱危害引起。

3. 防治方法

尽管对于发病原因认识不同，但防治技术是基本相同的。

①尽量选用抗病和耐病品种，培育健壮秧苗，定植时淘汰病、弱苗。定植缓苗后，勿过度蹲苗。

②进行种子处理。一是温汤浸种，把种子放在50℃左右温水中浸泡15～30分钟；二是磷酸三钠浸种，把种子放在10%的磷酸三钠液中浸泡20～30分钟，取出用清水冲洗干净；三是高锰酸钾浸种，在1%的高锰酸钾液中浸种10～15分钟，后用清水冲洗干净；四是干热消毒，把干燥的种子放在恒温箱中，保持75℃，处理72小时。

③深翻土地，避免连作。施足有机肥，控制氮肥用量，增施磷、钾肥，促进植株健壮生长。定植前每667平方米喷施免深耕土壤调理剂200克，促使深层土壤疏松通透。高温干旱季节应小水勤浇，降低地温，保持田间湿润。及时通风，保持棚内温度在30℃以下。光照太强时要利用遮阳网遮阴。

④在整枝打杈、采收等田间操作时，经常用肥皂水洗手消毒，尽量减少人为的汁液传播。及时清洁田园，拔除病株，并深埋或烧毁。

⑤及时防治白粉虱、蚜虫，减少传毒媒介。每667平方米用1%阿维菌素乳油2 000倍液、70%吡虫啉水分散粒剂5 000倍液、5%氟虫腈悬浮剂1 500倍液、48%毒死蜱乳油1 000倍液等杀虫剂，任选一种交替使用，

连续防治3～4次，每次间隔4～5天。

⑥利用豆浆、牛奶等高蛋白物质，用清水稀释100倍，每10天一次，连喷3～5次，可在叶面形成一层膜，减弱病毒的侵染能力，削减其锐性。用83增抗剂100倍液，分别在小苗2～3叶期、移栽前1周、定植缓苗后1周各喷1次，可防止病毒侵染。病毒病严重的植株，应立即拔除、深埋。

第六章
黄瓜生理性病害

黄瓜的生理性病害是由于不良的土壤或气候条件，加之栽培管理不当诱发的一类病害。保护地黄瓜因其特殊的环境条件，生理性病害比较严重。

一、花打顶

1. 症状（图6－1）

花打顶是保护地黄瓜早春生产中经常遇到的问题，在黄瓜苗期或定植初期最易出现，其症状表现为生长点不再向上生长，生长点附近的节间长度缩短，不能再形成新叶，生长点周围形成雌花和雄花间杂的花簇。花开后瓜条不伸长，无商品价值，同时瓜蔓停止生长。

应注意花打顶与植株生长迟缓相区别。温室冬春茬黄瓜定植后，由于植株生长缓慢，在生长点处聚集大量雌花（小瓜纽），只要正常浇水施肥，节间伸长后聚集现象自然消失。

2. 发病原因

育苗期水分管理不当，定植后控水蹲苗过度，易导致花打顶。温室内长期低温，尤其是土温、夜温偏低，养分在叶片中积累，使叶片浓绿皱缩老化，形成花打顶。低温加上高湿造成沤根，或肥料过多、水分不足导致烧根，或分苗时伤根，使植株营养不良，出现花打顶。喷洒农药过多、过频，或施用激素过量，也会造成花打顶。

3. 防治方法

①选用耐低温、耐弱光、植株紧凑、生长势强、早熟、丰产性好、连续结瓜果能力强的品种。

②合理调控温度，防止温度过低或过高。及时松土提高地温，以促进根系发育。施肥要少量、多次、施匀，施用有机肥时必须充分腐熟，防止因施肥不当而伤根。适时适量浇水，避免大水漫灌而影响地温，造成沤根。

③当植株出现“花打顶”迹象时，及早喷洒赤霉素，促进生长点早日恢复生长。已出现花打顶的植株，应适量摘除雌花，并叶面喷施磷酸二氢钾300倍液，或硫酸锌和硼砂水溶液，还可喷专治花打顶的药剂。

④对于沤根型花打顶，应将棚室地温提高到10℃以上，当发现根系出现灰白色水浸状时，要停止浇水，及时中耕，必要时扒沟晒土，同时摘除结成的小瓜，保秧促根。当新根长出后，即可转为正常管理。

对于烧根引起的花打顶，应及时浇水，使土壤相对含水量达到65%以上，并加入腐植酸肥料，以缓冲烧根的影响，浇水后还要及时中耕。

对于伤根造成的花打顶，中耕时要尽量少伤根，伤根后要及时冲施以海藻酸为主的根佳，促进植株生根。

二、化瓜

1. 症状（图6－2）

刚坐下的瓜纽在膨大时中途停止，由瓜尖至全瓜逐渐变黄、干瘪，最后干枯、脱落，俗称为化瓜。化瓜在早春茬黄瓜中发生较普遍，如果管理不善，化瓜率可达50%～60%。

2. 发病原因

化瓜是养分不足或各器官间争夺养分造成的。黄瓜化瓜在一定限度内是一种正常现象，但过多化瓜就是一种生理性病害。

连续阴雨雾天，光照弱，温度低，昼夜温差小，光合产物供应不足易导致化瓜；棚温过高，尤其连阴后突然晴天温度剧变，引起化瓜相当严重；肥料供应不足，根系发育受阻，养分向雌花供应不足，同样会引起化瓜。此外，化瓜还与密度、浇水、摘瓜早晚、用药不当、病虫害坏叶有关，气体浓度尤以二氧化碳浓度密切相关。

3. 防治方法

①选择适宜的品种，嫁接育苗，培育壮苗。通过人工授粉、在温室内放蜂等措施，刺激子房膨大，提高坐果率，降低化瓜率。

②加强放风管理，把温度控制在适宜于黄瓜正常生长发育的范围内。

采用透光率高的无滴膜，早揭晚盖草帘，后墙上张挂反光幕，尽量延长光照时间和增加光照强度。

③在根瓜坐住前，少浇水和不施速效氮肥，直到根瓜长至手指粗时再浇水和叶面喷肥，并及时通风排湿。叶面喷肥可采用1%磷酸二氢钾+1%葡萄糖+0.3%尿素液。

④及时进行植株调整，保留根瓜节以上带雌花的侧枝，并在雌花以上留1～2片叶摘心，其他侧枝和卷须要及时除去。摘除植株下部的老叶、黄叶。及时采收根瓜，以免坠秧。畸形瓜也应尽早摘除，以免影响正常瓜的生长。

⑤结瓜期采用人工授粉，并用50～100毫克/千克赤霉素喷花，能减少、减轻化瓜，且瓜条膨大速度快。

三、畸形瓜

黄瓜果实应该是上下比较均匀的圆棒形，但保护地黄瓜生长后期，经常会出现畸形瓜条，不仅影响产量，而且降低商品品质。

1. 症状

①曲形瓜（图6－3），又叫弯曲瓜。瓜条发育过程中向一侧弯曲，成"丁"字型、"O"字型或半"O"字型等。曲形瓜在结果初期和结果后期果穗上发生较多。

②尖嘴瓜，又叫尖头瓜。瓜条顶端停止生长，近肩部瓜把粗大，前端细、后端粗似胡萝卜状。

③大肚瓜。瓜条基部和中部生长正常，瓜的顶端肥大，形成比例不协调的瓜。

④细腰瓜，又叫蜂腰瓜。瓜条上下两部分发育正常，但中间部分发育慢，形成两头粗中间细，瓜型与细腰蜂体形相似，瓜心空洞，瓜条变脆。

2. 发病原因

畸形瓜产生的主要原因是营养不良、水分供应失调及气温过高、过低，导致受精不良、种子发育不均。畸形瓜种类不同，形成的原因也不一样。

①曲形瓜的成因。黄瓜受精不完全，一侧子房卵细胞受精，导致整个果实发育不平衡而形成曲形瓜；黄瓜生长势弱，养分供应不足，造成果实间相互争夺养分，形成曲形瓜；在生长期间环境条件发生剧烈变化，如遇连阴天突然放晴，高温强光引起水分、养分供应不足而产生弯曲瓜。

②尖嘴瓜的成因。开花期雌花没有受精，不能形成种子，缺少了促使营养物质向果实运输的动力，造成尖端营养不良而形成尖嘴瓜；植株生长早期氮肥供应不足，也会产生尖嘴瓜；植株生长势弱，特别是果实膨大后期肥水不足，使果实不能得到正常的养分供应，形成尖嘴瓜。

③大肚瓜的成因。黄瓜受精不完全，只在瓜的先端产生种子，使得营养物质积累到先端，导致先端果肉组织特别肥大，形成大肚瓜；植株缺钾而氮肥供应过量，也会出现大肚瓜；黄瓜生长前期缺水，而后期大量供水，也会产生大肚瓜。

④细腰瓜的成因。黄瓜雌花授粉不完全，易发育成细腰瓜；授粉后植株中营养物质供应不足，干物质积累少，养分分配不足，易形成细腰瓜。

3. 防治方法

加强管理是减少畸形瓜的关键。

①依栽培季节的不同选择相应品种。春茬选择中农 5 号、津春 2 号等，秋冬茬选择津杂 2 号、秋棚一号、农大 14 号等，越冬茬选择津春 3 号、津研 6 号等。采用嫁接法育苗，培育健壮幼苗。

②控制好温度，育苗期夜间温度不要低于 10～12℃。定植后的管理，以促根控秧为中心，注意增加土温，促进根系向深层发展。结瓜期白天温度最好不要超过 30℃，夜间温度控制在 18～15℃，要加强通风，保障正常授粉受精，使瓜条粗细生长匀称。

③采用配方施肥技术，氮磷钾按 5∶2∶6 比例施用。结瓜后期进行叶面喷肥，用 0.2% 磷酸二氢钾或 0.5% 尿素，促进果实膨大对养分的需求。土壤湿度要尽量稳定，避免生理干旱现象发生。

④及时摘除畸形瓜，让营养供给发育正常的瓜条。

四、苦味瓜

1. 症状

黄瓜苦味是由一种叫葫芦素（苦味素）的物质引起的。这种物质不仅存在于植株体内，也存在于果实内。同一果实的不同部位其含量不同，一般近果梗部分的苦味浓，而果顶端部分苦味淡或无苦味。当苦味增加到人可以品尝感觉到时，就成为苦味瓜。

2. 发病原因

一般叶色深绿的品种较叶色浅的品种更容易产生苦味瓜。土壤干旱、氮肥施用过量，因氮肥过多造成植株徒长、坐瓜不整齐时，在侧枝、弱枝上结出的瓜容易出现苦味瓜。低温寡照特别是连阴天时，黄瓜的根系活动受到损伤或障碍，吸收的水分和养分少，瓜条生长缓慢，往往在根系和下部瓜中积累更多的苦味素。越冬一大茬和冬春茬栽培的黄瓜进入春末高温期，根系的吸收功能减弱，同化力弱，而夜间温度又过高，瓜条生长缓慢，在瓜条里积累较多的苦味素，形成苦味瓜。

3. **防治方法**

①选择苦味素含量低的品种，也就是要选择叶色较浅淡的品种。苦味瓜不能留种，否则下一代黄瓜仍会有苦味。

②科学施用肥料，不要过量施用氮肥，注意增施磷、钾肥和有机肥。在植株进入衰老时，通过降温、控水和灌用促进根系发生的激素，及早进行复壮。进入高温期，管理温度不宜高，特别是要防止夜间温度过高。

③如果发现苦味瓜，摘下黄瓜，在清水中浸泡一夜，可以降低瓜的苦味。

五、起霜瓜

1. **症状**

起霜瓜是指在果皮上产生一层白粉状物质的黄瓜。果实没有光泽，如把此果放入水中，霜状物仍不脱落，用手轻揉后粉状物才消失。

2. **发病原因**

由于土壤瘠薄、根系老化、连阴天、昼夜温度均高，当黄瓜的呼吸消耗受到抑制时，即在瓜皮上形成一种蜡状物。起霜瓜在植株正常生长情况下不会发生，多在植株衰老、生理功能下降以后才出现。沙地或土层薄的土壤中长期栽植黄瓜，易发生起霜瓜。温室栽培黄瓜遇有天气不正常或根老化，机能下降及夜间气温、地温高或日照连续不足，黄瓜吸收消耗大时易发生。

3. **防治方法**

①避开沙性土壤，种植前深耕 30 厘米并施足基肥，生长后期及时补充氮、磷、钾肥，避免植株早衰。注意轮作，并做好病虫害的防治。

②保护地加强放风降温，防止夜温过高，降低呼吸作用强度。注意及时清洁大棚薄膜，增加透光量。也可每 20 天喷施一次天然芸薹素和硕丰 481，增强叶片光合作用，避免呼吸受抑制。

③生长后期仍应注意防治病虫害，避免植株早衰。

④嫁接黄瓜的砧木要选用无霜砧木。如进口的日本南瓜作砧木时，黄瓜不易起霜。

六、裂瓜

1. 症状

裂瓜是果实纵向开裂，大部分从瓜把子开始开裂。黄瓜的裂瓜现象很少见，但近年来也有发生。

2. 发病原因

土壤长期缺水而后浇水或降大雨，或在叶面上喷施农药、叶面肥等，近乎僵化的瓜条突然得到水分之后容易发生裂瓜；低温天气果皮生长近乎停滞，果实内外生长速度不协调（果肉生长速度大于果皮生长速度），容易导致裂瓜；外界温度变化剧烈，也容易导致裂瓜。

3. 防治方法

①防止裂瓜要从温、湿度管理入手，避免高温和过分干燥条件出现。

②土壤水分要适宜、均匀，防止土壤过干或过湿，蹲苗后浇水要适时适量，严禁大水漫灌。

③深耕整地，适量多施有机肥，培养黄瓜发达根系。坐瓜后叶面喷施10%宝力丰瓜宝或惠满丰活性液肥，隔7~10天一次，连续喷洒2~3次。

④叶面喷施硝酸钙或氯化钙溶液补充钙肥，可以缓解危害。

七、瓜佬

1. 症状（图6-4）

棚室栽培中，植株偶尔会结出状如小香瓜的“瓜蛋”黄瓜，鸡蛋大小，称为“瓜佬”。

2. 发病原因

瓜佬是完全花结的瓜。黄瓜是雌雄同株异花植物，但刚刚分化出的花芽不分雄雌，其性别取向主要依赖于花芽发育过程中的环境条件。低温和短日照有利于雌花的形成，而高温长日照则会使花芽向雄花方向发展。冬季、早春日光温室环境有利于雌花的形成，但也存在适于雄花发育的因素。如同一花芽的雌蕊原基和雄蕊原基都得到发育，就形成了两性花，即完全花。这种花结出的黄瓜就是瓜佬。

除两性花结出瓜佬外，生产上还常见在温室放风不良，或遭受高温障碍时，同样也会结出圆球样的瓜佬。

3. **防治方法**

①在黄瓜花芽分化期保持适宜温度，光照保持8小时左右，相对湿度控制在70%～80%，且土壤湿润、二氧化碳充足，以促进雌蕊原基正常发育，抑制雄蕊原基的发育。

②结成瓜佬的完全花多产生于早期，疏花时应注意疏掉，以免浪费养分。

八、低温危害

1. **症状**

黄瓜遇冰点以上低温即寒害，常表现多种症状，轻微者叶片组织虽未坏死但呈黄白色；低温持续时间较长，多不表现局部症状，往往不发根或花芽不分化，有的可导致弱寄生物侵染，较重的引致外叶枯死或部分真叶枯死，严重的植株呈水浸状，后干枯死亡。达到冰点温度组织受冻，水分结冰，解冻后组织坏死、溃烂。

2. **发病原因**

黄瓜喜温不耐寒，在10℃以下就会呈现生理障碍。特别是低于3～5℃，生理机能下降，地温在10～12℃黄瓜根毛原生质就停止活动。湿冷比干冷危害更大。

3. **防治方法**

①寒冷季节应选用耐低温品种，如津春3号、津优6号、津优10号、新泰密刺、长春密刺、北京小刺、农大12号、农大14号、早丰1号及山东密刺等。利用黑籽南瓜嫁接黄瓜提高抗寒能力。

②在寒流来临前进行低温炼苗，提高黄瓜对低温的忍耐力。同时，要增加棚室的覆盖物，或采取临时加温措施。寒流前可叶面喷施农用链霉素、高脂膜乳剂、植物抗寒剂等，均有一定预防作用。

③黄瓜受冻后要缓慢升温，日出后用草帘遮光，采取弱光恢复1～2天，使黄瓜生理机能慢慢恢复，切不可迅速升温使黄瓜水分吸收不上，造成急性枯萎。对于低温危害较重的黄瓜，应及时剪除枯枝枯叶，减少遮阴，并根据情况加强肥水管理，促进秧苗逐步恢复。还可叶面喷肥1%葡萄糖溶液或其他叶面肥1～2次，以解决蔬菜体内营养不足的问题。

九、高温障碍

1. 症状

在幼苗期遇高温时，幼苗出现徒长，子叶小，下垂，有时还会出现花打顶；成苗期遇高温，叶色浅，叶片大而薄，不舒展，节间伸长或徒长；成株期受害时，叶片上先出现1～2毫米近圆形至椭圆形褪绿斑点，后逐渐扩大，3～4天后整株叶片的叶肉和叶脉自上而下均变为黄绿色，植株上部发病严重，严重时停止生长。当棚室气温达48℃时，短时间内会导致黄瓜的生长点附近小叶萎蔫，叶缘变黑。高温时间较长时，整株叶片萎蔫，如水烫状。

2. 发病原因

黄瓜对高温的耐力较强，32～35℃不会对叶片造成危害；在高湿条件下，温度即使是达到42～45℃，短时间内也不会对叶片造成大的伤害。但相对湿度低于80%时，遇到40℃高温就容易产生伤害，尤其是在强光下更为严重，短时间黄瓜叶片就可以出现日光灼伤。

进入4月份以后，随着气温逐渐升高，在棚室放风不及时或通风不畅的情况下，棚内温度有时可高达40～50℃，午后可高达50℃以上，对黄瓜生长发育造成危害，即高温障碍或热害。在高温闷棚操作不当或闷棚结束后放风过快时也易发生高温障害。

3. 防治方法

①选用露地2号等耐热的黄瓜品种。

②加强通风换气，使棚温保持在30℃以下，夜间控制在18℃左右，相对湿度低于85%。遇有持续高温或天气干旱，棚室黄瓜水分蒸发量大，消耗水分多，要适当增加浇水次数，浇水最好在上午8～10时进行，同时注意水温与地温差应在5℃以内。遇到阳光照射强时，要采用遮阳网、放花苫等办法遮光降温。

③高温闷棚时一定要把握好温度和湿度，切莫引发黄瓜高温障害。高温闷棚后几天会对黄瓜产量有一定影响，所以不可连续多次使用。

④适当增加磷钾肥，也可根外喷施惠满丰活性液肥或0.2%磷酸二氢钾溶液、0.1%尿素溶液2～3次，有效提高植株的抗热能力。

⑤温度偏高易造成植株徒长，生产上可采用增加坐瓜来抑制徒长。为此，可用保果灵激素100倍液喷花或蘸花，既可促进早熟增产，又可防止

徒长。

十、生理性萎蔫和叶片急性萎蔫

1. 症状

黄瓜生理性萎蔫是指全株萎蔫，以结瓜盛期时严重，对产量影响较大。黄瓜从定植到结瓜，生长发育一直正常，但有时在中午特别是晴天中午植株叶片出现萎蔫现象。初时只是植株中、下部叶片白天萎蔫，但到夜间可恢复。如此反复几天后，植株全株萎蔫且不能恢复，生长势减弱，结瓜能力降低，甚至整株枯死。黄瓜生理性萎蔫与枯萎病的病症相似，其区别是横切病茎不见维管束呈褐色，即为生理性萎蔫。

黄瓜叶片急性萎蔫，是指在短时间内黄瓜叶片突然萎蔫，失去结瓜能力。

2. 发病原因

主要是由于种植黄瓜的地块低洼，地面长期积水，或长期大水漫灌，使土壤含水量过高，土壤中缺氧，造成根部窒息所致。土壤干旱，也会出现生理性萎蔫现象。嫁接黄瓜质量差或砧木与接穗的亲和性不高，均可诱发此病。

黄瓜叶片急性萎蔫，主要是棚温过高加上地温高，黄瓜叶片蒸腾作用十分旺盛，根系吸收的水分快速通过叶片蒸腾，引起黄瓜叶片急性萎蔫。

3. 防治方法

①要选用高燥或排水良好、土壤肥沃的地块种植。地下水位浅的温室要采用高畦栽培方式，并在行间铺秸秆或稻壳吸湿。灌溉要小水勤浇或采用滴灌方式，严禁大水漫灌，浇水后要及时中耕松土，提高土壤通透性。

②增施有机肥，控制氮肥用量，增加钾肥用量。注意根系养护，可以利用生根剂灌根，也可以冲施腐植酸和微生物类肥料，增强植株抗性。叶面喷施丰收一号、甲壳丰等，可以防止萎蔫。

③遇高温天气，应适当增加浇水量。阴后突晴、光照强烈，注意遮花阴或进行回苫管理，防止生理性急速萎蔫。也可以叶面喷洒清水，缓解萎蔫状况。

④利用黑籽南瓜作砧木，应选择长春密刺、新泰密刺、津绿 3 号等亲和性强的黄瓜品种作接穗。在嫁接过程中注意嫁接技术。

十一、叶片生理性充水

1. **症状**（图6－5）

早晨揭开草苫以后，在黄瓜叶片背面可见污绿色的圆形小斑或受叶脉限制的多角形斑症状。如果植株比较健壮，这种斑一般在温度升高后会慢慢地消失，第二天还可能出现，也可能不出现，这要看是否具有发生条件。

生理充水的症状往往被误诊为细菌性角斑病或霜霉病，但生理充水一般是在植株基本相同节位的叶片上比较均匀地出现，而且在温度升高后会慢慢消失，这是与细菌性角斑病和霜霉病的主要区别。

2. **发病原因**

秋冬茬黄瓜易出现生理充水现象，一般在温室覆盖薄膜后未覆盖草苫前，如遇到连续阴天，为保持温度一般不再放风，此时地温较高，根系吸水旺盛，但温室气温低，相对湿度大，叶片蒸腾作用受到抑制，细胞内部的水分只能进入细胞间隙，导致生理充水。越冬茬黄瓜有时也会出现生理充水现象。

3. **防治方法**

①黄瓜秋冬茬或冬茬栽培时，及时覆盖温室薄膜和草苫。华北地区一般应在10月初覆盖薄膜，10月中下旬覆盖草苫。

②选用保温性能良好的日光温室，根据天气的变化随时增加前屋面的覆盖和厚度。低温季节更要设法提高温室温度，尤其是气温。

③培育健壮的植株，可以减轻生理充水的危害。

十二、黄化叶

1. **症状**（图6－6）

冬春茬栽培的黄瓜，从采瓜期开始，植株的中上部叶片急剧黄化。早晨湿度大时观察叶背面呈水渍状，气温升高后水渍状消失，在遭遇3～4个连阴天后水渍状部位逐渐黄化，最终全叶黄化，但叶脉尚可保持绿色。在低温条件下，生长势弱的品种易发病。

2. **发病原因**

生产上光照不足，长期低温阴天，多肥多水有徒长现象的植株易发病。主要是根系不发达，根量少，吸肥能力弱，营养不均衡造成的。

3. 防治方法

①施用充分腐熟的有机肥，采用配方施肥技术，加强管理。前期适当控制肥水，特别是要严格掌握氮素化肥的使用量。

②改善棚室的采光和保温性能，冬季、早春和晚秋注意提高棚室温度。

③喷施生物菌肥和高效叶面肥，如“垦易”“惠满丰”等，促黄瓜健壮生长，提高抗逆性，抵抗黄化叶发生。

十三、花斑叶

1. 症状（图6－7）

黄瓜花斑叶俗称“蛤蟆皮叶”，多发生于棚室黄瓜植株中部。初期叶脉间出现深浅不一的花斑；而后花斑中的浅色部分逐渐变黄，叶面凹凸不平，凸出部分褪绿，呈白色、淡黄色或黄褐色；最后整个叶片变黄、变硬，同时叶缘四周下垂。这与一般黄化叶片不同。

2. 发病原因

叶面凹凸不平是由于光合产物运输受阻而在叶片中积累所致。叶片变硬和叶缘下垂则是由光合产物积累和生长不平衡共同导致的。温室夜温尤其是前半夜温度如果低于15℃，会使光合产物的输送受阻，导致碳水化合物积累在叶片中。另外，定植初期地温偏低，会阻碍根系发育，导致叶片老化，也会出现花斑叶。再者，钙、硼不足同样会影响碳水化合物的正常外运。

3. 防治方法

①培育壮苗，棚室温度和土温达到15℃时定植。定植缓苗后适当控水，加强中耕，提高土温，以促进根系发育。

②增施充分腐熟的有机肥或酵素菌沤制的堆肥，补充钙、硼、镁等微量元素。有条件的采用配方施肥技术或施用全元肥料。

③进入结瓜期后，要适量、均匀地浇水，不能过度控水。

④实行变温管理，上午保持在28～30℃，下午在25～30℃，前半夜为15～20℃，后半夜为13℃左右。特别是晚9～10时以前温度应稍高些，以后逐渐把温度降下来。

⑤适时摘心，适当去除底叶，及时盘蔓。

十四、枯边叶

1. 症状（图6－8）

黄瓜枯边叶又称焦边叶，整株叶片均可发生，但以中部叶片发病多而重。多数发病叶片在部分或整个叶缘发生干边，干边扩展至叶内3～5毫米。严重时叶片边缘一圈干枯。

2. 发病原因

一是棚室内高温、高湿条件下突然放风，致使叶片急速失水且失水量过多；二是因大量施用化肥，土壤盐分浓度过高，土壤盐渍化，造成盐害；三是喷洒杀虫或杀菌剂时，药液浓度偏高或药液偏多，药液积存在叶缘形成药害。

3. 防治方法

①有条件者可进行配方施肥，多施用有机肥，减少化肥施用量。追施化肥要适量、均匀，与根系保持一定距离。要尽量减少使用硫酸铵等有副作用成分残留于土壤的化肥，以降低土壤溶液浓度。

②对于土表有白色盐类析出的盐渍化土壤，可在夏季休闲期灌大水，连续泡田15～20天，使土壤中的盐分随水分淋溶到深层土壤中。如表层盐分高，有条件时可上下土层翻转或换土。

③科学放风，切忌放风过急、过大，即使需要大放风，也要逐渐加大放风量。

④用药时注意药剂使用浓度和药液喷洒量。浓度不能随意加大，叶面着药液量以叶面湿润而药液不滴淌为宜。

十五、泡泡叶

1. 症状（图6－9）

泡泡叶多发生在越冬及早春栽培的黄瓜上，主要危害植株中、下部叶片。发病初期，叶片正面出现淡绿色小鼓泡，随后鼓泡数量逐渐增加，颜色逐渐变为淡黄色、灰白色或黄褐色，叶片正面突起，背面凹陷，整张叶片表面凹凸不平，叶片凸起部位不产生病原物。

泡泡叶严重时会影响叶片生长和光合作用。

2. 发病原因

在低温、弱光下容易发生。温度过低，植株始终处于缓慢生长状态，或连续阴雨天气骤晴，棚温迅速提高，或晴天浇灌大水等，均易发生泡泡叶。

3. **防治方法**

①选用耐低温、弱光的品种，如长春密刺黄瓜、津30号、新泰密刺、韩国绿箭黄瓜等品种。育苗期加强苗床管理，培育壮苗。

②越冬茬黄瓜棚内最低温度不能低于15℃，严防低温冷害。严格控制浇水次数和浇水量，严禁大水漫灌。

③使用无滴膜，及时清除棚膜表面灰尘，增加透光性，改善光照条件。冬季还可在温室后墙上张挂反光幕，增温补光。

④喷施丰收一号、天达2116、云大120等生长调节剂，增强黄瓜综合抗性。

十六、雌花过多

1. **症状**

温室冬茬、冬春茬黄瓜或大棚春茬黄瓜定植后不久，黄瓜植株由下而上每节均出现大量雌花，密生在一起，少则4~5朵，多则7~10朵，甚至更多。温室秋冬茬黄瓜生长前期植株下部雌花很少，喷施乙烯利后也会使上部各节出现大量雌花。雌花过多且同时发育，相互竞争养分，能坐住的瓜反而减少，瓜条生长缓慢。

2. **发病原因**

定植了老化秧苗，或育苗期乙烯利处理浓度过大，或缓苗后夜温偏低、昼夜温差太大，或控水过重，都容易出现植株生长弱、雌花多、瓜码密、瓜条生长缓慢现象。冬春茬黄瓜育苗，低温寡照也有利于雌花的形成。

3. **防治方法**

①苗期乙烯利处理要严格掌握浓度，一般为50~150毫克/千克，不可高于200毫克/千克，冬春茬栽培节成性强的品种时，幼苗会自然分化出大量雌花，可不进行乙烯利处理。

②当黄瓜植株每节都有大量雌花时，要进行疏瓜，一般每节选留1个瓜纽，水肥充足留2个，最多不超过3个。同时，要立即随水追施速效氮肥，少通风和通小风以提高温度，促进营养生长。

③对于秋冬茬黄瓜喷乙烯利后造成雌花过多现象，可通过喷赤霉素、

增加水肥供应量等措施加以缓解，但效果不很明显，随时间推移，乙烯利的效应会自然消除。

十七、缓苗异常

1. 症状

定植后7～10天内，是黄瓜幼苗适应新环境、逐渐恢复生长的关键阶段，称为“缓苗期”。此时幼小植株下部第一片叶上容易产生不规则形白色或淡绿色褪绿斑，类似氨害或化学肥料造成的叶片灼伤斑，子叶过早干枯脱落。这些症状经过一段时间，随根系生长、新根发生可自行消失，植株逐渐恢复正常生长。

2. 发病原因

定植时操作粗放，根系受伤，或定植期间天气不好，地温低，或定植田施底肥过多，导致幼苗根系不能正常吸水吸肥，出现缓苗期异常。异常现象一般只出现在植株下部第一片真叶和子叶上，上部叶片无异常。

3. 防治方法

①护根育苗，培育壮苗。标准是具有4～6片真叶，叶肥厚，色绿稍浓，茎粗，节短，并有良好护根措施。

②10厘米土层地温稳定在10℃以上时定植。定植前施足腐熟有机肥，定植要精细，定植后注意增温保温。

十八、叶片皱缩

1. 症状（图6－10）

叶片沿叶脉皱缩，叶脉扭曲，叶片外卷畸形，叶缘不规则地褪绿黄化，黄化部位呈线状。严重时生长点附近的叶片萎缩干枯。黄瓜果实表皮木栓化，瓜内形成较大的空腔，瓜条弯曲。

2. 发病原因

植株缺硼是叶片皱缩的主要原因。黄瓜是需硼量多的作物，温室中有机肥施用量少或大量使用钾、氮肥后，致使硼吸收受阻，易出现缺硼。夜温降到黄瓜最低生长温度以下时，根对硼的吸收力下降，引起缺硼症。土壤湿度大，根系吸收受阻，也会导致缺硼。激素施用量过大或激素质量不合格，也会造成叶片变厚、浓绿、皱缩。

另外，病毒病及烟（白）粉虱等虫害发生严重，也可导致叶片皱缩。

3. 防治方法

①在增施有机肥的基础上，缺硼温室每667平方米用硼砂或硼酸1千克左右作底肥或早期追肥，或叶面喷施1~2次800倍的硼砂溶液，可解除缺硼症。但应注意施硼不能过多，否则会抑制植株对铁的吸收，导致叶片黄花。

②化肥施用以少量多次为原则，进入结瓜盛期后，以水带肥每10天左右追一次肥，严防一次施肥过量灼伤瓜苗。也可叶面喷施0.1%的尿素或0.1%的磷酸二氢钾、0.1%的葡萄糖液，还可在浇水时每棚随水冲施2~4瓶维他钠或华孚植物促长剂600毫升，促进生根壮秧。

③喷施20%唑·铜·吗啉胍可湿性粉剂或绿野神60倍液抑制病毒病的发生。用50%啶虫脒水分散粒剂3 750倍液或70%吡虫啉水分散粒剂7 500倍液加2.5%高效氯氟氰菊酯乳油600倍液喷雾，控制烟（白）粉虱的危害。

十九、降落伞形叶

1. 症状（图6-11）

叶片的中央部分凸起，边缘向下翻转，呈降落伞状。植株出现降落伞叶时，首先生长点附近的新叶叶尖黄化，进而叶缘黄化；叶缘黄化部分生长受到限制，而中央部分的生长还在继续进行，这样就形成了降落伞形叶。严重时症状从植株中部叶片一直发展到顶部叶片，直至生长点龟缩，但以中部叶片最明显。

2. 发病原因

降落伞形叶是黄瓜植株缺钙的一种表现形式。沙质土壤、老菜园、重茬菜园、有机质含量低的菜园，常存在钙素不足问题。

除了土壤本身钙素含量不足外，外部因素是造成蔬菜钙缺乏的重要原因。冬季遇低温冷害或连阴天，温室气温、地温均低，黄瓜根系吸收受阻，导致缺钙；低地温不能大量浇水，土壤浓度过高，离子的拮抗作用抑制了植株对钙的吸收；定植过深，根系缺氧，影响对钙的吸收。进入4月份后，中午前后温度高时放风不及时，植株蒸腾作用受阻，钙在植株体内运送不畅，会出现降落伞叶；放风量过大，降温速度过快，也会在放风口附近出现降落伞形叶。

土壤中铵、钾、钠、镁等离子与钙离子产生拮抗作用，抑制蔬菜对钙的吸收和利用，从而表现缺钙现象。

3. **防治方法**

①底肥在普施腐熟有机肥和磷钾肥的基础上，沙质土壤宜增施钙镁磷肥、过磷酸钙、硝酸钙等含钙肥料，老菜园和重茬地宜增施石灰。同时适当控制氮、钾肥的使用量，避免出现氮、钾肥过高的现象。

②提高温室的保温性能，如果温室结构不合理，遭遇低温连阴天时应采取多种有效的保温措施。冬茬或冬春茬黄瓜栽培后期温度升高，要及时放风，但放风时不能过急。

③生长期缺钙可用翠康钙宝或绿芬威三号在蔬菜吸收钙的高峰期进行叶面喷施。

④适量补施硼肥，可促进叶片制造的碳水化合物向根中输送，促发新根，有利于钙的吸收。

二十、白化叶

1. **症状**（图6－12）

多发生在棚室黄瓜植株上，尤其是中、上部叶片最易出现。发病叶片首先是叶片主脉间叶肉褪绿，变为黄白色。褪绿部分顺次向叶缘发展并扩大，直至叶片除叶缘尚保持绿色外，叶脉间的叶肉均变为黄白色，俗称“绿环叶”。发病后期，叶脉间的叶肉全部褪色，重者发白，与叶脉的绿色成鲜明对比，称“白化叶”。

病叶多从叶尖开始表现症状，并沿叶缘向两边发展。叶片边缘向内1～2厘米范围内的网状脉变成白色。重病时可向叶片内部发展，后期叶缘干枯。

2. **发病原因**

白化叶致病原因是植株缺镁。黄瓜植株进入盛瓜期后，对镁的需求量增加，此时镁供应不足易产生缺镁症。缺镁可以是土壤缺镁，或施肥不当引起的镁吸收障碍。温室换土后在生土地上栽培黄瓜也容易缺镁。钾过量、氮肥偏多、钙多将会影响植株对镁的吸收，磷缺乏也将阻碍植株对镁的吸收。

3. **防治方法**

①注意改良土壤，避免土壤过酸或过碱。易发生白化叶的棚室或地块，可用黑籽南瓜嫁接黄瓜。

②合理施肥，施足充分腐熟的有机肥，适量施用化肥。注意氮、磷、钾肥的配合，勿使氮、钾过多，磷不足。肥料不要一次过量、集中施用。钙肥要适量，过多易诱发白化叶。

③合理灌水，不要大水漫灌。土壤湿度过大会抑制根系对镁的吸收，而镁也易随灌溉水流失。

④注意补充镁肥，如钙镁磷肥、磷酸镁铵等。发病后及时叶面喷施0.5% ~1.0%的硫酸镁水溶液或含镁复合微肥。

二十一、褐脉叶

1. 症状（图6－13）

保护地早春栽培黄瓜易发生，多发生在中部或中下部叶片上。发病叶片先是网状脉变为褐色或黄褐色，接着支脉变褐，最后主脉变褐。把叶对着阳光看，可见叶脉变褐部坏死。也有的沿叶脉产生黄色小斑点，并逐渐扩展成条斑，近似于褐色斑点。症状先从叶的基部开始，后几条主脉呈褐色。

2. 发病原因

褐脉叶因锰过多引起锰中毒所致。土壤中活性锰受土壤理化性质和施肥状况影响很大，土壤偏酸性，土质黏重，有机质含量高，土壤湿度大，活性锰含量高，易被植株吸收，这种情况在种植年限较长的棚室易出现。经常施用含锰的农药也易导致褐脉叶。低温多肥也会引起生理性叶脉褐变。

另外，黄瓜品种间对锰中毒的敏感性存在差异，一般长日照耐高温的品种栽培在棚室内易出现褐脉叶。

3. 防治方法

①选用短日照耐低温弱光的品种，如山东密刺、新泰密刺、津春3号、中农5号、津优2号、中农13号等。

②改良土壤理化性质，把土壤酸碱度调节到中性，避免在过酸、过碱的土壤上种黄瓜。土壤消毒时，药剂作用会使锰的溶解度加大，为防止锰过剩，消毒前要施用石灰质肥料。

③施用充分腐熟的有机肥，适时、适量、适度追肥。要注意钙的施用，因土壤缺钙易引发锰过剩。

④加强苗期和定植后的植株管理，前期注意增温保温，适度灌水，防

止土壤过湿，避免土壤溶液处于还原状态。

⑤发生褐脉叶时，可叶面喷施含磷、钙、镁的叶面肥。

二十二、金边叶

1. **症状**（图6－14）

金边叶又称黄边叶，是保护地黄瓜常见的一种生理病害。叶片边缘呈整齐的镶金边状，黄色部分的叶肉组织一般不坏死，这一点不同于枯边叶。植株上部叶片骤然变小，生长点紧缩。

2. **发病原因**

与降落伞形叶类似，是缺钙的又一种表现形式。根本原因是缺钙，但诱发缺钙的因素很多。蹲苗阶段控水过度，土壤溶液浓度增高，植株对钙的吸收受阻；土壤酸度强或多年不施钙肥；大量施用化肥，土壤中氮、镁、钾含量过高，抑制植株对钙的吸收；在土壤呈碱性的条件下，植株对硼的吸收受阻会诱发对钙的吸收受阻，造成缺钙。

3. **防治方法**

①因土壤干旱引发缺钙时，只要浇水，将土壤浓度降低，以后长出的新叶就不会出现金边了。如冬季低地温影响到根系对钙的正常吸收时，也会出现缺钙症状，以后温度升高，缺钙症状会自然消失，但已经出现的金边不会消失。

②在砂性较大或酸性土壤上用施石灰的方法改良土壤时，石灰用量不可过大，防止土壤碱性过强。

③对于缺硼引起的金边叶，可叶面喷施硼酸或硼砂等硼肥。

二十三、白点叶

1. **症状**（图6－15）

株形、叶形正常，植株生长稍弱，叶片上产生许多形状不定的白色小斑点，分散在叶面上，但不愈合连片。重时叶片布满斑点造成叶片干枯死亡。

2. **发病原因**

产生细碎小白斑可能是钙或镍过剩所致，两者小白斑形状、大小相似，难以区分。但钙过剩产生的白斑多发生在植株底部叶片上；镍过剩产生的白斑多发生在植株中、上部叶片上，而且镍过剩时，植株顶部新叶的叶缘有时枯死，拔出病株可见根系发育不好，主根变褐，侧根不伸长。

此外，亚硝酸气害、二氧化硫气害都能使叶片产生白色斑点，但病斑较大，亚硝酸气害从叶背面看病斑凹陷。田间诊断时应注意区别。

3. 防治方法

①对含钙过剩的土壤，可适当施用硫黄粉改良，或施用硫酸铵、氯化铵、氯化钾、硫酸钾等酸性肥料。也可适当增加浇水量，洗去碱性的钙。土壤干燥，盐类浓度变高，可地面覆盖碎草，防止水分蒸发。

②对含镍过多的土壤，施用碳酸钙等碱性物质，可使土壤中代换性镍显著减少，减轻危害。镍污染严重的小块土壤，可考虑换土。

③增施有机肥，保持土壤肥力。注意复合微肥的使用，避免缺铜、缺锌症发生。

第七章 辣（甜）椒生理性病害

辣椒在生长发育过程中，由于内在因素或气象、营养、栽培管理、有害物质等不良环境条件影响，产生各种各样的生理性病害，如落花、落叶、落果，生理性卷叶，畸形果，沤根，日烧病，脐腐病，高温障碍等。

一、脐腐病

1. 症状（图7－1）

辣椒脐腐病也称蒂腐病。脐腐果发生在花器残余部及其附近，初现暗绿色水浸状斑点，后迅速扩大，有时可至近半个果实，患部组织皱缩，表面凹陷，常伴随弱寄生菌侵染而呈黑褐色或黑色，内部果肉也变黑，但仍较坚实，一般不腐烂，如遭软腐细菌侵染，则发生软腐。有的果实在病健交界处开始变红，提前成熟。

2. 发病原因

辣椒脐腐病发生的根本原因是缺钙。土壤盐基含量低、酸化，尤其是沙性较大的土壤往往供钙不足。在盐渍化土壤中，虽然土壤含钙量较多，但因土壤可溶性盐类浓度高，根系对钙的吸收受阻，也会缺钙。施用铵态氮肥或钾肥过多也会阻碍植株对钙的吸收。偏施氮肥，生长后期氮、钙比例失调，营养生长旺盛，果实不能及时补充钙也会发病。土壤干旱、空气干燥和连续高温，会影响钙素吸收，易出现大量的脐腐果。

水分供应失常是诱发脐腐病的主要原因。干旱条件下供水不足，或忽旱忽湿，使辣椒根系吸水受阻，由于蒸腾量大，果实中原有的水分被叶片夺走，导致果实大量失水，果肉坏死，导致发病。

3. 防治方法

①沙性较强或碱性过重的土壤，应多施腐熟的有机肥，改良土壤性能。如土壤出现酸化现象，应施用一定量的石灰。避免一次性大量施用铵态氮化肥和钾肥。

②定植前，施肥以有机肥为主，结合施用过磷酸钙。生长期适度适时追肥和浇水，尤其在植株进入结果期时，务必保证养分和水分的均衡供应，使植株稳生稳长，提高抗逆力，可减少脐腐病的发生。进入结果期后，每7天喷一次0.1%～0.3%的氯化钙或硝酸钙水溶液，连续喷2～3次，可避免或减轻脐腐病的发生。也可连续喷施绿芬威3号等钙肥，同样可起到预防的作用。

③定植辣椒时，带坨移植，不伤根，以免影响水分和养分的吸收。适时摘心，促进生殖生长，避免植株徒长，使钙更多转入果实内。植株不要留果过多，避免果实之间对钙的竞争。果实膨大期为防止土壤温度过高，可在地面铺稻草或覆盖塑料薄膜。

④在多雨年份，露地栽培平时要适当多浇水，以防下雨时土壤水分含量突然升高。雨后及时排水，防止田间长时间积水。

二、日灼病

1. 症状（图7－2）

辣椒日灼病又称日烧病。症状只出现在裸露果实的向阳面上，发病初期病部褪色，略微皱褶，呈灰白色或微黄色。病部果肉失水变薄，近革质，半透明，组织坏死而发硬绷紧，易破裂。后期病部为病菌或腐生菌类感染，长出黑色、灰色、粉红色或杂色霉层，病果易腐烂。

一般甜椒较尖椒发病重，且以小型果、中型果发病较多。

2. 发病原因

本病主要是因阳光灼烧果实表皮细胞，引起水分代谢失调所致。引发日灼的根本原因是叶片遮阴不好，植株株型不良。土壤缺水，天气过度干热，雨后暴晴，土壤黏重，低洼积水等，均可致病。植株因水分蒸腾不平衡，引起涝性干旱等因素，均可诱发日灼。在病毒病发生较重的田块，或因疫病等引起死株较多的地块，或过度稀植的地块，发病尤为严重。钙素在辣椒水分代谢中起重要作用，土壤中钙质淋溶损失较大，施氮过多，引起钙质吸收障碍等生理因素，也和日灼病的发生有一定的关系。

3. 防治方法

①选择耐热性较强的品种，采用南北垄向种植，选定合理的株行距，或采用大垄双行密植，以提高辣椒叶面系数，使叶片相互遮阴防病。露地可与玉米、高粱等高秆作物间作，利用高秆作物遮阴，减轻日灼危害，还可改善田间小气候，增加空气湿度，减轻干热风的危害。

②高温季节采用遮阳网覆盖，避免太阳光直射果实。开花结果期应小水勤浇，保持地面湿润。黏性土壤，应防止浇水过多而造成缺氧性干旱。增施磷钾肥，及时补充钙、镁、硼、锌、钼等微量元素和喷洒丰收一号、爱多收、云大120等叶面肥，提高植株综合抗性。坐果后喷施0.1%硝酸钙液，每10天左右施一次，连用2~3次。

③发生日灼病后，及时将病果摘除并带出田外，进行深埋处理，以防滋生病菌蔓延。

④如果辣椒发生红蜘蛛、炭疽病、病毒病、细菌性叶斑病、疮痂病等会导致落叶的病虫害，要及早防治。结合病虫害防治，补充叶面施肥，促进辣椒快速生长，减少日灼病造成的损失。

三、高温障碍

1. 症状

高温伴有空气干燥和土壤缺水，就会造成植株叶片的表皮组织细胞被灼伤，致使茎叶损伤、叶片受害，初叶绿素褪色，叶片出现黄色至浅黄褐色不规则形病斑，叶缘初现漂白色，后变为黄色。轻者仅叶缘呈烧伤状，重者呈半叶或整叶烧伤，导致永久萎蔫或干枯。果实受害，出现日灼伤果。

2. 发病原因

本病主要由棚室温度过高引起。白天气温超过35℃或40℃高温持续4小时以上，夜间气温在20℃以上，空气干燥或土壤缺水，未放风或放风不及时，就会造成叶片表皮细胞被灼伤，致使茎叶损伤，叶片上出现黄色或浅黄色褪色不规则的斑块，有时果实异常。本病的影响程度与品种及棚室内的环境有关。

3. 防治方法

①因地制宜选用新丰4号、湘椒18号、津研10号等耐热品种。

②及时通风，降低棚室内的温度。高温季节可洒水降温，增加棚室内

的湿度。也可采用遮光降温的方法，使用遮阳网防止强光直射。

③合理施用氮、磷、钾、钙肥，促使枝叶旺盛生长，促其及早封行。浇水应选择在上午或傍晚进行，避开午后高温时间，同时要注意浇匀、浇透。

④用磷酸二氢钾溶液、过磷酸钙及草木灰浸出液、硫酸锌、硼砂等连续多次进行叶面喷施，既有利于降温增湿，又能补充蔬菜生长发育必需的水分及营养。但喷洒时必须适当降低浓度，增加用水量。开花结果期，根外喷施保花保果剂，或用0.03毫克/升对氯苯氧乙酸溶液喷花，对高温引起的落花具有一定防治效果。

⑤露地栽培要实行合理密植，还可与高秆作物间作，遮阴降温。

四、落花、落叶、落果

1. 症状

辣椒落花、落叶、落果又称三落病，是辣椒保护地和夏季露地生产上的常见问题。前期有的先是花蕾脱落，有的是落花，有的是果梗与花蕾连接处变成铁锈色后落蕾或落花，有的果梗变黄后逐个脱落，有的在生长中后期落叶，使生产遭受严重损失。

2. 发病原因

一是选用品种不对路。

二是播种过早或反季节栽培甜辣椒，生长期间的温度得不到满足。地温低于18℃时，根系的生理机能下降；8℃时根系停止生长，使植株处于不死不活的状态。气温低于15℃时，虽能够开花，但花药不能放粉，温度长期上不来，易发生三落病。

三是在生长期间遇有较长时间的连阴天气，光照不足或相对湿度低于70%，营养过剩或生殖生长失调，植株徒长，水分不畅或过多，均可导致落花、落蕾或落果。

四是土壤肥力不足，管理跟不上，定植后不能早缓快发，进入高温季节枝叶不能封垄，致使地温升高，容易引起开花不实或落花、落蕾。

五是病虫危害，严重的容易导致落叶。

六是肥害。在苗期或生长期间，施用了未腐熟的有机肥，尤其是未发酵好的鸡粪，会造成烧根或沤根，则水分、养分不能正常供应，也会引起三落病。

3. 防治方法

①因地制宜选用适合当地的耐低温、弱光或早熟的品种。选用抗逆性强的品种，栽植无病虫的健壮苗，确定适宜的种植密度，以保持田间良好的通风透光条件。

②科学地确定适合当地的播种期，以满足甜辣椒生育适温20～30℃和适宜地温25℃的需要。早春注意提高地温和气温，保持气温15℃和土壤温度18℃以上；夏季注意降温，气温不要超过30℃。冬春季注意保持薄膜良好的透光性，增强光照；夏季栽培时最好能用遮阳网遮光，注意让植株尽快封垄，防止暴晒。

③露地采用地膜覆盖栽培，进入高温季节可破膜，防止土温过高，有条件的可用遮阳网覆盖。

④适度浇水，不可过多或过少。根据植株长势施好促秧肥、攻果肥、返秧肥，采用配方施肥技术，防止生长后期脱肥，叶面追施液肥或植物生长调节剂，补充营养。出现落花、落果时叶面追施液肥或植物生长调节剂，如惠满丰液肥每667平方米450毫升兑水稀释400倍，或云大120生长调节剂3 000倍液，或植物动力2003每毫升兑水1千克，连续喷施2～3次。还可用10%宝力丰辣椒宝或果实防落素，每支兑水10～15千克，叶面喷洒或400倍液灌根。

⑤生长期间及时疏去老枝、弱枝、病虫枝。在果实由淡黄转青后适时采摘。

⑥注意防治疮痂病、炭疽病、病毒病、烟青虫和茶黄螨等病虫危害。

五、生理性卷叶

1. 症状（图7－3）

发生生理性卷叶时，轻者辣椒叶片两侧微微上卷或下卷，重者叶片纵向上卷成筒状，变厚、变脆、变硬。卷叶减少了叶片光合作用的面积，对产量有影响。

2. 发病原因

主要原因是土壤干旱、空气干燥、高温、强光。过量偏施氮肥，或土壤中缺铁、锰等微量元素，容易发生卷叶。叶面喷洒农药、叶面肥时浓度过高，或高温期中午前后喷药，也容易引起叶片卷曲。摘心过早或摘心时留叶不足，致使果叶比例失调，叶片自身营养不良，也会发生叶片卷曲。

3. **防治方法**

①选用抗卷叶品种。一般叶小、叶厚的品种比较抗卷叶，叶大、叶薄的品种不抗卷叶。

②根据品种类型、植株长势和天气情况等确定蹲苗时间，避免蹲苗过度引起卷叶；结果盛期要进行叶面追肥，补充根系养分。发生缺素所致的卷叶时，可对症喷施微量元素肥料 1 ~2 次。

③适时、均匀浇水，避免土壤过干过湿。高温季节及时放风，防止温度过高，最高温度控制在 35℃以内。如因空气干燥造成卷叶时，可叶面喷水或浇水。

④叶面追肥和喷药的浓度、时机要适宜，高温期不要在强光照的中午前后进行叶面追肥和喷药。

六、叶片扭曲

1. **症状**

辣椒叶片扭曲主要表现在植株上部，植株生长发育停止，叶柄和叶脉硬化，容易折断，叶片发生扭曲，花蕾脱落。

2. **发病原因**

辣椒叶片扭曲由植株缺硼引发。土壤酸化，硼被大量淋失，施用过量石灰，都易引起硼缺乏。土壤干旱、有机肥施用少、高温等条件下，也容易发生缺硼。钾肥施用过量，可抑制植株对硼的吸收。此外，病毒病也会引起叶片扭曲。

3. **防治方法**

①增施有机肥，尤其要多施腐熟厩肥。厩肥中含硼较多，而且可以增强土壤的保水能力，减少干旱危害，促进根系扩展，同时可促进植株对硼的吸收。

②出现缺硼症状时，应及时向叶面喷布 0.1% ~0.2% 硼砂溶液，7 ~10 天喷一次，连喷 2 ~3 次。也可每 667 平方米撒施或随水追施硼砂 0.5 ~0.8 千克。

③防止保护地土壤酸化或碱化。一旦土壤出现酸化或碱化，要加以改良，土壤酸碱度以中性或稍偏酸性为好。

④合理灌溉，保证水分供应。防止土壤干旱或过湿，否则会影响根系对硼的吸收。

七、畸形果

1. **症状**

畸形果是辣椒生产过程中常出现的问题之一，有时病果率高。主要表现为果实生长不正常，果实僵小、皱缩、扭曲、畸形等，横剖果实可见果实里种子很少或无。有的发育受到严重影响的部位内侧变成褐色，有的长得像柿饼、蟠桃，或果实呈不规则形，失去商品价值。

2. **发病原因**

主要是由于辣椒在花芽分化或开花时遇上了恶劣的天气条件，如温度过高或过低，辣椒的花芽分化不良或辣椒的花受精不良，或者本来就没有发育完全引起的。有些辣椒品种在开花坐果期高温干燥持续时间长，温差过大，浇水过多，施用氮肥过多或缺硼、钙，也会产生类似的畸形果。

3. **防治方法**

目前对辣椒畸形果没有好的直接解决办法，但做好预防可明显减少畸形果的出现。

①增施生物菌肥，改善土壤团粒结构，增强椒类蔬菜根系活力，养根促果，提高综合抗性。结果期选择高钾肥料，坐果后喷洒 0.1% 磷酸二氢钾溶液，缺硼时喷洒志信高硼、速乐硼等含硼叶面肥。

②结果期做好地膜覆盖、棚膜透光和棚体保温等工作，白天温度控制在 23～30℃，夜间温度不低于 15℃，地温保持在 20℃左右。增设补光灯，或后墙设置反光幕，增温补光。还可在垄间铺麦秸或稻壳，既增温保墒，又可控制棚内空气湿度。

③植株生长过旺、生殖生长不足时，可喷洒助壮素 750 倍液，或进行整枝打杈，控制植株长势，促进果实生长。植株长势过弱，可喷施爱多收 6 000 倍混合云大 120，促进植株营养生长。

八、僵果

1. **症状**

辣椒僵果又称石果、单性果或雌性果。早期呈小柿饼状，后期果实呈草莓形。皮厚肉硬，色泽光亮，柄长，果内无籽或少籽，无辣味，果实不膨大，环境适宜后僵果也不再发育。露地栽培的辣椒在 7 月中下旬，温室越冬辣椒在 12 月至翌年 4 月易产生僵果。

2. 发病原因

温室栽培的辣椒，在花芽分化期受干旱、病害、温度（13℃以下和35℃以上）影响，雌蕊由于营养供应失衡而形成短柱头花，不能正常授粉受精而生成单性果，单性果实不膨大，久之成僵化果。长花柱的正常花，在温度过低时，花药不能开放而导致无法受精，也会产生僵果。

3. 防治方法

①选用冬性强的品种，如羊角王、太原22号、湘研15号等。播种前，种子要用高锰酸钾1 000倍液浸种，杀灭病菌。

②必须在2～4片真叶时分苗，防止分苗过迟破坏根系，影响养分供应，出现瘦小花和不完全花。分苗时用700～1 000倍液硫酸锌浇根，可增加根系长度和提高生长速度，增强吸收和抗逆能力。

③ 越冬茬辣椒定植时，应使营养钵土坨与地面持平，然后覆土3～5厘米。花芽分化期要防止受旱，其他时间控水促根，以防形成不正常花器。

④减少僵果发生，要有发育良好的花芽。在花芽分化期和授粉受精期，要加强田间管理。冬春季节温室栽培注意保温，以确保花器正常生长，防止授粉受精不良。

⑤植株坐果数量要适宜，根据植株的长势留果，多余的果实应及早疏掉。

九、紫斑果

1. 症状

辣椒紫斑果又称紫斑病、花青素症。在绿果面上出现紫色斑块，斑块大小不一，没有固定形状。一个果实上紫色斑块少则一块，多则几块，严重时甚至半个果实表面布满紫斑。有时植株顶部叶片沿中脉出现扇形紫色素，扩展后成紫斑。

2. 发病原因

辣椒紫斑果是由于植株根系吸收磷素困难，出现花青素所致。缺磷一般发生在多年种菜的老棚内。土壤水分不足或气温较低，会导致土壤有效磷供应不足或吸收困难，特别是地温低于10℃，极易造成植株根系吸收磷素困难。

3. **防治方法**

①选用早熟、耐低温品种，如农大8号、农大40号等。

②温室辣椒冬春季或大棚春提前和秋延后栽培时，要做好增温保温工作，把地温提高到10℃以上，即可避免产生花青素而形成紫斑果。

③科学施肥，多施腐熟有机肥，改良土壤，提高土壤中磷的有效性。在果实生长期，适时喷布磷酸二氢钾200~300倍液。

④注意施用镁肥，因为缺镁会抑制植株对磷素的吸收。应经常叶面喷洒硫酸镁溶液。

十、虎皮病

1. **症状**

干辣椒色素要求保持鲜红色，但在生产中受各种因素影响，近收获期或晾晒干的干辣椒往往混有褪色个体，称之为虎皮病。常见的有4种类型：一是一侧变白果，病果一侧变白，变白部位边缘不明显，内部不变白或稍带黄色，无霉层；二是微红斑果，病果生褪色斑，斑上稍发红，果内无霉层；三是橙黄花斑果，病果表面现斑驳状橙黄色花斑，病斑中有的有黑点，果实内有的生黑灰色霉层；四是黑色霉斑果，病果表面具有稍变黄色的斑点，其上生黑色污斑，果实内有时可见黑灰色霉层。

2. **发病原因**

干辣椒虎皮病的形成有病理和生理两方面原因。主要原因是室外贮藏时，夜间湿度大或有露水，白天日光强烈，不利于色素的保持，系生理因素引起。但炭疽病和果腐病也能引起果实的虎皮病，这属于病理因素。

3. **防治方法**

①选用抗炭疽病品种，减少由炭疽引起的虎皮病。选用成熟期较集中的品种，以减少果实在田间的暴露时间，降低“虎皮”果率。

②加强对炭疽病、果腐病的防治。在辣椒坐果期喷洒50%苯菌灵可湿性粉剂1 500倍液、50%利得可湿性粉剂800倍液、2%农抗120水剂200倍液、40%多丰农可湿性粉剂500倍液、60%防霉宝2号水溶性粉剂800~1 000倍液，隔7~10天喷一次，连续防治3~4次。

③及时采收成熟的果实，避免在田间雨淋、着露及曝晒。

十一、小叶病

1. 症状

小叶病是由缺锌引发的生理性病害。多出现在中下部叶片，叶脉清晰可见，叶脉间失绿、黄化，叶缘渐变成褐色，生长停滞，叶片变小，叶缘呈现扭曲或褶皱状。缺锌症状严重时，生长点附近的节间缩短，小叶丛生。缺锌与缺钾症状类似，但黄化的先后顺序不同。缺钾是叶缘先黄化，渐渐向内发展；而缺锌黄化是从中间向叶缘发展。

辣椒小叶病除了由缺锌引起外，病毒病和茶黄螨危害也是主要原因。病毒病患病椒叶面积比正常叶明显要小，略有皱缩，枝节间缩短，分枝极多，病株呈现明显的丛簇状；大多不能开花结果，即使结果也短小弯曲，肉质薄，色黄，品质差。茶黄螨为害导致叶片皱缩、僵直、变小、变窄、变厚，叶片边缘向下卷曲；叶背面呈灰褐色，具油质光泽或呈油浸状，受害嫩茎、嫩枝变成黄褐色，扭曲畸形，严重者植株顶部干枯；受害的蕾和花重者不能开花、坐果；果实受害，果柄、萼片及果皮变为黄褐色，丧失光泽，木栓化，最终脱落，椒农称之为“鸡爪病”。

2. 发病原因

除了土壤本身缺锌外，光照过强也易发生缺锌；若吸收磷过多，植株即使吸收了锌，也表现缺锌症状；土壤 pH 值高，即使土壤中有足够的锌，也不能被吸收。

3. 防治方法

①精细整地，施足基肥，氮、磷、钾肥比例要适当，不要过量施用磷肥；缺锌土壤可以每 667 平方米施用 1.5 千克硫酸锌；辣椒出现缺锌症状时，于现蕾至盛果期喷施 0.05% 硫酸锌溶液 2～3 次，可大幅度增产，并有减轻病毒病的作用。

②选用抗病、耐病品种，进行种子消毒处理，采用起垄覆膜栽培，垄上覆盖银灰色薄膜等，预防病毒病的发生。生长期喷施 40% 乐果乳油 1 000倍液，或 40% 戊氰菊酯乳油 6 000 倍液，或 2.5% 溴氰菊酯乳油 3 000 倍液，每 7～10 天喷一次，连喷 2～3 次，防治传毒昆虫。用 72% 从毒灵 100 倍液或 83 增抗剂 100 倍液，每隔 7 天喷一次，连喷 2 次，防治病毒病。

③喷施丁硫毒死蜱微乳剂 800 倍液 + 阿维哒螨灵 800 倍液 + 氨基寡糖素 800 倍液，每隔 5～7 天喷一次，连喷 3 次，可控制辣椒小叶病的发生。

十二、低温冷害

1. 症状（图7-4）

棚室栽培的甜辣椒在生长发育过程中遇到轻微低温，会出现叶绿素减少或近叶柄处产生黄色花斑，植株生长缓慢。遇0℃以上的较低温度，即发生冷害，叶尖、叶缘出现水浸斑块，叶组织变成褐色或深褐色，后呈青枯状。在低温条件下，甜辣椒的抵抗力弱，很容易诱发低温型病害或产生花青素，有的出现落花、落叶和落果。遇有冰点以下的温度即发生冻害，叶片呈浅紫褐色，果面会出现大片无光泽的凹陷斑，似开水烫过状。

2. 发病原因

甜辣椒是喜温作物，对寒冷环境的耐受力有限，播种过早或反季节栽培时，气温过低或遇到寒流侵袭易形成冷害。甜辣椒冷害临界温度因品种及成熟度不同，一般在5~13℃，8℃时根部停止生长，0~2℃时果实发生冻害。生产上经常遇到在同一次寒流袭击下，幼苗或成株受害情况差别很大的现象，这与品种、播种期、施肥、覆盖物、放风、浇水、地势等多种因素有关。在冷害临界温度以下，温度越低，持续时间越长，则受害越重。

3. 防治方法

①选用耐低温品种，培育适龄壮苗，并适时播种、移植。定植前对幼苗进行低温锻炼，适期蹲苗。

②选用保温性能好的温室设施，采用双层膜或三层膜覆盖；遇到寒流侵袭时，及时增加覆盖物或采取临时加温措施，使地温稳定在13℃以上，以避免低温型病害的发生和蔓延。冬春茬辣椒定植前，可在腐熟的有机肥中添加马粪等酿热物作底肥，以提高地温。采用配方施肥技术，不要偏施氮肥，以增强幼苗的抗寒能力，培育壮苗。

③使用抗寒剂，合理增施磷钾肥。苗期喷施0.5%~1%的红糖或葡萄糖水，3~4叶期喷施2次（间隔7天）0.5%的氯化钙溶液，可增强抗寒性。

④一旦发生冷害，低温过后上午要早放风，下午晚盖草帘，尽量加大放风量，避免升温过快。生长点或3~4片真叶受冻时，可剪掉受冻部分，然后提高地温。通过加强管理，90%以上的植株都能从节间长出新的枝蔓，继续生长发育。

第八章

茄子生理性病害

温室茄子栽培，尤其是秋冬茬茄子，结果期正值低温弱光期（12 月初至翌年 2 月中旬），容易出现各种生理障碍，并且能诱发侵染性病害，对茄子的生长发育和产量、品质均造成严重影响。

一、枯叶病

1. 症状

1～2 月份易发生，症状表现为中下部叶片干枯，心叶无光泽、黑厚，叶片尖端至中脉黄化，并逐渐扩展到整个叶片。折断茎秆观察，维管束无黑筋。

2. 发病原因

主要是冬季为防止温室内湿度偏大，往往采取控制浇水的方法，致使土壤墒情差，土壤空隙大，造成根系冻害；或者施肥过多，土壤浓度过大，植株脱水引起生理缺镁所致。

3. 防治方法

①平衡施肥。在确保茄子对氮、磷、钾等肥料需求的前提下，增加钙镁肥料的施用量，每 667 平方米用高钙钾镁肥 40 千克，随基肥一起施入土壤。

② 冬季浇水保持均匀，避免缺水。因为水分持热性能优于空气，可提高地温，避免冻伤根系。浇水后注意排湿。

③可用 300 倍白糖溶液喷施叶面，防止寒流对茄子叶片的伤害。也可叶面喷施茄果膨优 15 毫升 + 施碧丰 15 毫升，兑水 15 千克，或叶面喷施 0.1% 尿素 +0.3% 硫酸镁，以增强光合强度，缓解病情。

二、顶芽弯曲

1. 症状

茄苗顶芽弯曲，茎秆变细，生长发育停滞，并在叶片中有很浓的花青素淀积。发病轻时顶芽稍有弯曲；严重时植株顶端生长停止，如果继续生长就会长出许多分枝。

2. 发病原因

土壤本身缺硼，可能发生顶芽弯曲的现象；设施保温性能差，低温、多氮引起钾、硼的吸收障碍；土壤中大量施用钙、镁、钾肥时，离子的拮抗作用抑制茄子对硼的吸收。

3. 防治方法

①增施有机肥，基肥中每667平方米施用硫酸钾15千克、硼砂1千克。施肥时注意避免过量施用氮、钾、镁、钙肥和石灰。

②预防由于低温引起的茄苗顶芽弯曲。

③发生缺硼症时，首先要消除其他诱发因素，然后叶面喷施硼砂或硼酸100～300倍液，补充营养，促长复壮。

三、嫩叶黄化

1. 症状（图8－1）

茄子幼叶呈网纹状的黄化现象，严重的整片叶呈黄白色，叶尖残留绿色，中下部叶片上出现铁锈色条斑。叶片黄化在冬春季尤为严重。

2. 发病原因

嫩叶黄化是典型的缺铁症状。茄子植株缺铁，会影响叶绿素的形成，叶片呈黄色或网状黄化。由于铁在植株各组织之间移动性较差，因此缺铁在心叶上表现明显。多肥、高湿、土壤偏酸或锰素营养过剩，会抑制铁素的吸收而导致新叶黄化。

3. 防治方法

①采用配方施肥，适当增加优质有机肥的使用量。注意补充钾素以平衡营养，满足铁素供应。土壤缺铁时，每667平方米施用18%植酸亚铁2千克作基肥。土壤偏酸时，施入氢氧化镁和石灰进行调整。

②叶片发生黄化现象，可叶面喷施硫酸亚铁500倍液，也可以用18%植酸亚铁600倍液混加600倍10%氨基酸进行叶面喷雾，连续2次用药，

用药间隔期 5～7 天。

③冬季要采取保温措施，提高棚室内的温度，确保地温在 15℃以上。浇水要均匀，浇水第二天要提高室内温度，以免地温下降。

④缺铁症状往往与缺锌同时表现，所以在补铁的同时要注意合理配用锌肥。

四、顶叶凋萎

1. 症状

发病后植株顶端茎皮木栓化龟裂，叶色青绿，边缘干焦黄化，果实顶部肉皮下凹，易染绵疫病而烂果。

2. 发病原因

夏季由低温弱光转入高温强光期，碱性土壤地上部的蒸腾作用强，而根系吸收能力弱，会造成顶叶因缺钙、缺硼而凋萎。

3. 防治方法

①注意平衡施肥，基肥要氮、磷、钾配合，并适量增加钙、硼等微量元素。生长期要叶面补充钙、硼肥。

②初遇高温强光天气时，中午要注意降温防脱水，前半夜保温促长根，3～5 天后地上地下生长平衡，再进入高温强光管理，可防闪秧和顶叶脱水凋萎。

③发生绵疫病时，可喷施波尔多液、百菌清、甲基托布津等真菌性药剂进行防治。

五、畸形花

1. 症状

茄子畸形花多为短柱花。正常的茄子花，花大色深，花柱长，开花时雌蕊的柱头突出，高于雄蕊花药之上，柱头顶端边缘部位大，易正常授粉、结实。畸形花，花小、色浅，花柱细、短，开花时雌蕊柱头被雄蕊花药覆盖，柱头低于花药开裂孔，花粉不易落到柱头上，难以授粉结实，即使用激素处理勉强结实，也常形成小果或畸形果。

2. 发病原因

畸形花（短柱花）是花的发育及形态受环境条件和植物营养状态影响造成的。茄子花芽分化和花形成发育期，温度过低（低于 15℃）或夜温过高（高于20℃），再加上光照弱，易形成短柱花；土壤氮、磷供应不足，植株长势变弱，分枝减少，花芽发育不良，短柱花增多。

3. **防治方法**

①花芽分化期，要保证充足的光照，控制好温度，促进长柱花形成。温度要防止过高或过低，以保持白天22～25℃，夜间15～18℃为宜。并保持土壤湿润，氮肥充足，磷、钾肥及钙、硼等微量元素适量。如发现秧苗徒长，应采用“稍控温、多控水”的办法来控制，切不可单纯通过降温尤其是降低夜温的办法抑制幼苗徒长。

②苗龄不要过长，适龄定植。门茄坐果进入结果期，白天保持25～30℃，上半夜18～24℃，下半夜15～18℃，地温在20℃左右。门茄“瞪眼”时开始灌水，并给予充足光照，促进茄子开花、结果。

③进入高温季节后，棚膜应逐渐全部揭开，防止高温危害，以免产生畸形花。

④发现畸形花，应摘除。不要用激素处理勉强坐果。

六、落花、落叶、落果

1. **症状**

花开后脱落不结果；低温期下部叶黄化自落，高温期幼茄软化自落。在生产中表现为前期及夏季结果较少。

2. **发病原因**

温度过低或夜温过高，茄子易形成短柱花，大部分掉落。光照弱时，植株生长发育减缓，成花少，花芽质量差。缺肥少水，植株生长细弱，养分用于维持生长，坐果少。追肥不及时，植株早衰，生产能力降低，也不利于坐果。追肥过早，植株徒长，导致花果脱落。施肥比例不当，植株营养生长与生殖生长失衡，也难坐果。

3. **防治方法**

①调节好花芽分化期的光照和温度，减少短柱花的比例，以利于坐果率的提高。

②定植时淘汰弱小苗和僵苗。坐果后可根据植株生长情况，实行限果管理。及时整枝打杈、去老叶，控制合理的植株结构，保证有良好的通透性。

③加强花果期的光温管理。夏季高温期应浇水降温，如遇连续高温天

气还要遮阳降温。冬季晴天草苫早揭晚盖以延长光照时间，阴天也应揭草苫以吸收散射光。

④加强肥水管理，保持植株长势中庸。茄子定植缓苗后浇缓苗水，门茄开花时适当提水蹲苗，门茄“瞪眼”施第一次追肥，以后每采一茬果施一次追肥，防止植株早衰。还应注意施肥比例应适当，以平衡营养生长与生殖生长的关系。

⑤发生落叶时，可叶面喷施700倍硫酸锌水溶液或每667平方米施硫酸锌1千克，或在植株上喷含锌营养素（如绿浪、绿丰宝），防落促长；开花结果期还可用植物生长调节剂蘸花保果，如用20～30毫克/千克的2，4－D涂抹花萼和花柄，或用30～50毫克/千克的防落素蘸花、喷花，还可用番茄丰产剂2号蘸花或喷花，以减少落花落果。

七、僵果

1. 症状（图8－2）

茄子僵果也称石果。坐果后停止膨大，果顶面凹陷，果实变硬；或勉强膨大，但呈棍状、锤状或石头状，果实表面光泽消失。发病轻时，只在果实顶端或者一面发生此现象；发病严重时，整个果实变得无光泽，形成“乌皮果”。多数僵果老熟后果肉中有空隙，基本没有种子；勉强膨大的果实，种子也明显变少。浇水后易成裂果，食用价值差。僵果多产生于冬春茬栽培的前期和后期以及露地栽培的后期。

2. 发病原因

茄子僵果是由于开花前后遭遇不良环境条件造成的，茄子不能正常受精，单性结实就会发育成僵果。日光温室冬春茬栽培的茄子，生产初期由于温度时常低于17℃，花粉发芽、伸长不良，不能完成受精，导致单性结实，易产生僵果。生产后期，温室放风不及时或放风量不够，室内温度经常超过35℃时，短柱花增多，也易产生僵果。在气候干燥、施肥过多、肥料浓度过高、水分供应不足时，植株同化作用降低，营养不足，也易出现僵果。光照不足，摘叶过早或过多，温度过低或过高等也是产生僵果的原因。点花激素使用时间偏早也能形成僵果。

3. 防治方法

①选用组合2号、齐杂茄2号等畸形果少的品种。育苗时使用玻璃或透光充分的塑料薄膜，育苗期要光照充足、尽量保温，提高苗的素质。棚

温高于30℃时及时通风换气，夏季用遮阳网进行遮光降温，保持蔬菜生长环境适宜。

②植株缓苗至采收初期适当控水，开始采收后适当加大灌水量，浇水后及时放风排湿。平衡施肥，增施有机肥。及时施用氮、磷、钾肥和微肥，做到每次施肥量要小，随后喷施新高脂膜800倍液以提高药剂有效成分的利用率。在茄子花蕾期喷施植物动力2003、云大120、菜果壮蒂灵等，提高花粉受精质量，预防茄子僵果现象。

③茄株生长中、后期，要适当摘除下部老叶，但摘叶不要过多。

④发现有少量僵果后，可喷施叶面宝、喷施宝、磷酸二氢钾、多效唑等植物生长调节剂或叶面肥，促进植株生长。但要掌握好使用时间，浓度不能随意加大，更不宜在短时期内连续施用。

八、裂果

1. 症状（图8－3）

幼茄、成茄均可发生裂果，以接近成熟的茄子最常见。果实各部位均可开裂，裂口大小、深浅不一。但最多的是在果蒂下部出现开裂，轻者仅在果蒂下边出现轻微裂口，重者整个果面纵裂，露出种子。也有的在果实底部纵裂，种子外翻裸露。茄子裂果不仅影响商品性状，也易受其他病菌侵染而造成烂果。

2. 发病原因

茄子花芽分化阶段，温度低或氮肥施用过量、浇水过多，造成花芽分化和发育不充分，形成多心皮的果实或雄蕊基部分开而发育成裂果。茄子生长进入高温期，白天高温、干燥，在傍晚灌水的情况下，就易产生裂果。尤其是较长时间干旱，突降暴雨或灌大水，更易产生裂果。果面受到枝叶摩擦，可能产生伤疤，再浇水时也可能产生裂果。连续阴雾天气转晴之后，浇水、施肥多，果肉生长速度大于果皮，易产生裂果。点花激素使用时间偏晚或使用浓度过大也易引起裂果。幼果有茶黄螨或蓟马为害，果面表皮增厚、粗糙和木质化，当内部组织继续生长时，就会造成果皮开裂。

3. 防治方法

①适时播种，做好苗床温度管理，促进花芽正常分化。

②适时、精细定植，做好田间肥水管理，特别注意提高土温和土壤通

透性，促进植株根系发育，提高吸水能力。均匀灌水，不要过度控水，切忌土壤过干后灌大水。天气由阴转晴时，不要立即浇水、追肥，可以叶面喷施细胞分裂素、云大120、丰收一号等，尽快恢复果实生长点的生长活性。

③进入高温季节，棚膜应逐渐全部揭开，防止高温危害或产生畸形花。

④避免连阴天或者天晴之后使用膨果激素含量高的叶面肥。使用激素处理果实时，注意浓度不能过高，不能反复使用，也不要在中午高温时使用。可在开花时用30～50毫克/升防落素蘸花促进果实膨大；也可在膨果期叶面喷施1%尿素+0.3%磷酸二氢钾液，促进植株生长，增加光合产物积累；还可以在幼果期喷施钙肥1～2次，增强果皮的韧度，避免裂果。

⑤及时除治茶黄螨和蓟马等虫害。

⑥已经发生裂果的应及早摘除，以免其争夺植株的营养。

九、畸形果

1. 症状（图8－4）

茄子果实因品种不同可呈圆形、卵圆形、椭圆形、长圆形和细长棒形等多种形状。畸形果果实不周正，失去果实典型的形状，果实质地变硬，味道变苦。畸形果包括双子果、扁平果、毛边果、裂果、弯曲果、起泡果、尖尾果、无光泽果等。在保护地发生较多，露地则主要发生在门茄上。快圆茄、丰研2号、六叶茄等品种畸形果发病率高。

2. 发病原因

形成畸形果的花器往往也畸形，子房形状不正。保护地温度低、氮肥施用过量或浇水过多等，容易形成多心皮果、裂果、毛边果等。蘸花用药浓度过大，容易形成双子房果和连体果等。结果期温度偏低，果实生长不均匀，或者果面遭受虫害，幼果表面有机械损伤，使果实两面发育不一致；或田间郁闭，光照不足，坐果过多，坐果较晚的果实营养不良，都容易发生弯曲果。

3. 防治方法

①选择耐低温、弱光性强的品种。注意苗期温度不能低于12℃，不要过度低温炼苗。

②加强温度管理。幼苗花芽分化期，注意保持温度变化不可过大，遇

有连续阴雨天要注意保温，必要时应进行加温；定期擦拭棚膜，提高棚膜透光性，增强茄子植株的抗寒能力。遇短柱花要及早疏掉。

③合理施肥，适时适量浇水，定植时不可偏施氮肥。结果期注重施入钾肥，并叶面喷施适量磷酸二氢钾、海绿素或碧护，预防畸形果发生。

④合理使用坐果激素，不可随意加大用药量，在低温时取药液浓度上限值，高温时取下限值。注意药液不要喷到枝叶上。

十、凹凸果

1. 症状（图 8－5）

凹凸果俗称空泡果，温室大棚栽培的茄子较常见。这种果实从外表上看，凹凸不平，部分凸起，果实着色不良，果皮发乌，重量轻，用手捏发软。剖开后可见果肉和表皮之间有空洞或空泡。凹凸果多无种子。

距生长点近的高节位果实发生少，低节位细弱枝上的果实容易形成凹凸果。

2. 发病原因

凹凸果是因果实各部发育不平衡引起。如施肥过多，尤其是氮肥过量造成生长过旺；温度低，光照不足，浇水过多，土壤有机质含量少，引起植株生长较弱；昼夜温差小，光合作用制造的碳水化合物输送不均匀；激素处理不当等。这些原因均可导致茄子出现凹凸果。

3. 防治方法

①选择凹凸果出现少的、果肉较致密的圆茄品种。

②适期播种，采用配方施肥技术合理搭配氮、磷、钾肥，避免偏施、过施氮肥。浇水适时适量，不要忽干忽湿。注意光照要充足，温度控制在适宜范围内，促进植株健壮生长，果实均衡发育。

③应及早摘除下部细弱枝条，促进健壮枝条的生长，尽量提高植株的同化能力，创造适于茄子生长发育的环境条件。

④正确使用生长激素，避免出现药害。

十一、果实着色不良

1. 症状

茄子通常是黑紫色的，但着色不良果为淡紫色至黄紫色，个别果实甚至接近绿色。茄子着色不良分为整个果皮颜色变浅和斑驳状着色不良两种，温室中多发生半面色浅的着色不良果。着色不良会降低果实的商品性。

2. **发病原因**

茄子果实着色受光照影响很大。坐果后如果花瓣还附着在果实上，则不见光的地方着色不良，果面颜色斑驳；植株冠层内侧的果实，因叶片遮光而形成半面着色不良果；使用聚氯乙烯薄膜覆盖，阻止紫外线通过，会影响果实着色；塑料膜遭到污染，灰尘太厚或经常附着水滴，也会影响棚膜的透光性，进而影响着色；弱光条件下遇高温干旱或营养不良，会加重着色不良果的发生；转色过程中如果白天长时间超过30℃，夜间平均温度低于12℃，将会导致果肩部转色困难或者不均匀；偏施氮肥，土壤透气性差，果实转色困难；高温干燥条件下营养不良，容易产生果皮缺乏光泽的"乌皮果"。

茄子果实着色好坏在品种间也存在差异，有些品种对外界抗性比较弱，常常出现转色困难。

3. **防治方法**

①温室栽培茄子绝对不能采取露地栽培的株行距配置，必须适当稀植，降低植株冠层遮阴。要合理疏枝，及时疏除病叶、残叶，及时打杈，避免枝叶遮光而影响果实着色，整枝方法、摘叶程度以让果实充分照光为准。

②选用紫外线透过率较高的专用薄膜，如茄子专用膜、紫光膜。薄膜使用过程中要经常擦洗，保持清洁。晴天草苫早揭晚盖，延长光照时间，阴天也应揭草苫以吸收散射光。棚内地面可铺反光地膜，晚上可用日光灯补光。

③采用配方施肥技术，合理施用有机肥，疏枝摘心，防止早衰。冬春地温低，可冲施养根肥料，提高根系活性。采收期内，要及时补充氮、钾以满足植株需要。坐果后及时摘除花瓣能预防灰霉病，促进果实着色。

④可以适当使用细胞分裂素、云大120等调节剂，促进果实健壮生长。

十二、果实日灼和烧叶

1. **症状**（图8－6）

日灼主要危害果实。果实向阳面出现褪色发白的病变，后略扩大呈白色或浅褐色，致皮层变薄，组织坏死，干后呈革质状，以后易引起腐生真菌侵染，出现黑色霉层；湿度大时，常因细菌侵染而发生果腐。

育苗及棚栽茄子有时发生烧叶，特别是上、中部叶片易发病，轻则叶尖或叶缘变白、卷曲，重则整个叶片变白或枯焦。

2. 发病原因

日灼是茄子果实暴露在阳光下，因果实局部过热而引起。早晨果实上出现大量露珠，太阳照射后露珠聚光吸热，可致果皮细胞灼伤；炎热的中午或午后，土壤水分不足、雨后骤晴都可致果面温度过高，引起日灼。栽植过稀或管理不当时，也易发病。

烧叶主要是阳光过强或棚室放风不及时，造成棚室内光照过强、温度过高而形成的高温危害。棚室内空气湿度不足或土壤干燥会加重烧叶的发生。

3. 防治方法

①选用早熟或耐热品种，如辽茄 1 号、早茄 3 号、内茄 1 号、济南小早茄、七叶茄、长茄 1 号、新乡糙青茄等。

②合理密植，尽量采用南北垄栽培，使茎叶相互掩蔽。夏季采用遮阳网覆盖，果实避开阳光直射。

③在高温季节或高温条件下，要适时灌溉，补充土壤水分，防止植株体温升高，以免发生日灼和烧叶。育苗畦或棚室及时放风降温。

④发生烧叶的棚室要加强肥水管理，以促进茄株的正常生长发育。必要时喷洒云大 120 植物生长调节剂 3 000 倍液或爱多收 2 000 ~ 2 500 倍液，隔 7 天喷一次，共喷 2 ~ 3 次。也可喷施惠满丰液肥、促丰宝活性液肥Ⅱ型、保得生物肥、宇航牌多元素叶面肥等，隔天一次，共喷 3 ~ 4 次。

十三、低温冷害

1. 症状

棚室冬季栽培茄子，如遇寒流或防寒保温做得不好，茄株常发生低温寒害。遇有轻微低温，茄株叶片叶绿素减少，出现黄白色花斑，植株生长缓慢。当温度降到冰点以上较低温度时，即发生冷害，叶缘乃至整个叶片呈水浸状，褪绿，发灰白色，后病叶脱水呈青枯状。受害茄株生长停止，长期低温或温度接近 0℃ 时，茄株就会死亡。如遇冰点以下温度还会发生冻害，叶片萎蔫枯死，果实呈水渍状软化，果皮失水皱缩，果面凹陷，并逐渐腐烂。

2. 发病原因

茄子喜高温，温室大棚栽培时，气温过低或遇有寒流及寒潮侵袭时易发生冷害或冻害。低温冷害随温度的降低和低温持续时间的延长而加重，白天温度低于 17℃时发育迟缓；低于 15℃时出现落花落果，坐果停止；低于 10℃时生长停止；温度降至 -2～-1℃时发生冻害。

3. 防治方法

①易发生低温冷害地区的棚室，可因地制宜选择长茄 1 号、齐茄 1 号等耐低温品种或辽茄 1 号、沈茄 2 号等早熟品种。育苗时适当进行蹲苗和抗寒锻炼，提高茄株抗寒能力。土温稳定在 15℃时适时定植。

②做好防寒保温，尤其在寒流袭击时应采取多层组合覆盖、临时加温等措施，勿使温度较长时间低于 10℃。寒流过后应把棚温和地温提高到 13℃以上，避免低温型病害发生和蔓延。

③叶面喷光合微肥，可缓解因根系低温逆境下吸收营养不足而造成的缺素症。米醋、白糖和过磷酸钙混用，喷洒叶面，可增加叶肉含糖量，提高抗寒性。注意低温季节不要使用生长素类调节剂，以防降低抗寒性。

④寒流来临前，喷洒植物抗寒剂，每 667 平方米 200 毫升左右。也可喷布 95 绿风植物生长调节剂 600～800 倍液。

第九章

西葫芦生理性病害

西葫芦生理性病害是由于温度、湿度、光照、营养供给等非生物因素不适宜造成的生理代谢失调而引发的病害，不仅会降低产量，更重要的是影响品质，造成很大的经济损失。

一、银叶病

1. 症状（图9-1）

西葫芦银叶病也叫银粉病、银叶反应，属生理障碍，温室大棚栽培西葫芦发病较为普遍。发病时植株生长势弱，株型偏矮，叶片下垂，生长点叶片皱缩，呈半停滞状态；茎、幼叶、功能叶叶柄褪绿，叶片叶绿素含量降低，沿叶脉变为银色或亮白色，以后全叶变为银色，而叶背面叶色正常。幼瓜及花器柄部、花萼变白，瓜也白化，呈乳白色或白绿相间，失去商品价值。

西葫芦银叶病与白粉病极为相似，区别仅在于银叶病没有霉层，生产上要注意区分。

2. 发病原因

目前认为银叶症状是B型烟粉虱为害引起的，有虫叶不一定有症状表现，而在以后的新叶上表现银叶。3~4片叶为敏感期。在高温、干旱、日照强的条件下，病害发生严重。

3. 防治方法

①防治烟粉虱。常用的方法有黄板诱杀，防虫网阻隔，敌敌畏、螨虱净、蚜虱净等熏杀，交替喷洒扑虱灵、吡虫啉、锐劲特、阿维菌素、高效灭百可等药剂。

②在防虫的同时，喷施云大 120、天达 2116、叶面肥、内源激素等，增强作物的抗病性。

③西葫芦银叶病初期，用 20～30 毫克/升的赤霉素 +500 倍细胞分裂素 +5 000 倍双效活力素混合液防治效果最佳，喷药后可恢复正常生长，2 周后进入正常结果。

二、缩叶病

1. 症状

在植株生长过程中连续 5 至 6 片叶呈现鸡爪状皱缩，叶脉明显，坐果率很低，甚至不坐果，果实生长缓慢，易被误认为是病毒病。当温度升高至 20℃以上时，新生的叶片又能恢复正常生长。

缩叶病是西葫芦上一种重要的生理性病害，严重影响西葫芦的产量和品质。

2. 发病原因

昼夜温差过大，白天高温达 25℃以上，夜间温度在 6℃以下，且持续时间较长。空气湿度大，生长点积水而使生长受到抑制，叶片发育不正常。温度偏低，尤其是土壤温度持续在 6℃以下，影响根系生长，吸肥吸水受阻。

3. 防治方法

①控制好温度变化，防止出现昼夜大温差。

②温室要注意通风排湿，严格控制湿度。

③重施含腐植酸高的肥料以提高地温，同时坚持少量多次、肥水同施的原则，为根系提供良好的生长环境。

三、化瓜

1. 症状（图 9－2）

西葫芦化瓜是生产中的常见病之一。在西葫芦雌花开放后 3～4 天内，幼果前面部分褪绿变黄，变细变软，果实不膨大或膨大很少，表面失去光泽，前端变黄萎缩，不能形成商品瓜，最终烂掉或干枯脱落。

2. 发病原因

化瓜的内因是授粉不良或没有授粉，子房内无法生成植物生长素，导致胚和胚乳不能正常生长，加上与营养生长抢养分，供应雌花的养分不足，不能结实而化瓜。

外因则是环境不良。

①温度过高（白天高于35℃，夜间高于20℃）或温度过低（白天低于20℃，晚上低于10℃），都会因呼吸消耗或根系吸收能力受阻等造成营养不良而化瓜。

②开花期如遇连续阴天或阴雨连绵，光合作用受影响，会因光照不足影响子房发育而化瓜。

③密度大，每667平方米超过3 000株时，叶片相互遮阴，透光透气性降低，化瓜率提高。

④肥水不足，叶片小而发黄，影响光合作用；肥水过多，特别是氮肥过多，植株徒长，也会使化瓜增加。

⑤白粉病、灰霉病、霜霉病和蚜虫等直接危害叶片和幼茎，造成生长不良而化瓜。

⑥不及时采收商品瓜、畸形瓜、坠秧瓜，会使刚开放的雌花养分供应不良而化瓜；瓜条采收过早、过勤，株上只剩下刚开放和未开放的雌花，由于顶端优势营养集中供给植株生长，植株徒长而致化瓜。

3. 防治方法

①选择绿宝等单性结实能力强的品种，并注意控制栽植密度。生长期如遇到连续阴雨天，可叶面喷施糖氮素（0.2%磷酸二氢钾+1%葡萄糖+0.5%尿素）改善植株营养状况。

②调控好温室温度，白天在25℃左右，夜间在15℃左右，以利于碳水化合物的制造、运输和积累，化瓜大大减少。

③进行科学的肥水管理，防止土壤水分过大和氮肥过多造成徒长。适时整枝、疏瓜，减少养分消耗。

④早摘畸形瓜、坠秧瓜，适时收商品瓜，不抢摘半成品商品瓜。弱株应早采收，徒长株应适当晚采收。

⑤在开花后2~3天喷洒100~500毫克/千克的赤霉素或100~200毫克/千克的防落素，或用25~30毫克/千克的2，4-D涂抹花梗，均能使小瓜长得快，不易化瓜。也可在晴天上午9点之前进行人工授粉。

四、花（瓜）打顶

1. 症状

西葫芦瓜秧生长停滞，生长点附近的节间短缩，小叶片密集，有时伴随降落伞叶，各叶腋出现小瓜纽，大量雌花开放，造成封顶，俗称“花（瓜）打顶”。西葫芦发生花打顶会严重影响早期产量，一般可减产30% ~ 40%。

2. 发病原因

蹲苗过头造成“龙头”营养不良，生长衰弱，导致花打顶。温室温度低，尤其是夜间11℃以下的低温，会使“龙头”停止生长，形成花打顶。因育苗移栽损伤根系过多，土壤水分过大以及施肥过多造成的烧根都可使“龙头”生长受挫，形成花打顶。大量使用保花果激素，生殖生长过于旺盛，也会导致花打顶。

3. 防治方法

①冬季生产要千方百计提高温室温度，特别是夜间温度。在苗期和定植初期，应确保棚内夜间在15℃以上。

②及时松土，提高土温，促进根系发育，多发新根。施足充分腐熟的粪肥，均匀追肥，避免肥料施用不当而烧伤根系。寒冷季节可追施腐植酸、微生物类肥料。

③适时适度浇水，不能控水过度。如因缺水造成花打顶，应及时浇水，并随水追施速效氮肥，可促进植株的营养生长；或喷施500 ~ 1 000毫克/升赤霉素，可促进茎叶生长。另外，要避免阴天浇水降低地温。

④对植株上部的小瓜胎（雌花）要全部掰掉，减轻负荷，有利于茎叶健壮生长。

⑤已出现花（瓜）打顶时，要摘除植株上的小瓜胎（雌花），减轻负荷；用5毫克/升萘乙酸水溶液和奇能400倍液混合灌根，刺激新根尽快发生；对植株喷用促进茎叶快速生长的调节剂，如奇能营养液、天然芸薹素、爱多收等。

五、叶片破碎

1. 症状

早春露地小棚栽培的西葫芦，常因揭膜不当，造成叶片破碎，轻者叶缘发白、枯卷、破碎，重者整个叶片破散。破碎影响叶片正常的生理功能，对西葫芦生长发育影响很大。

2. 发病原因

早春低温情况下扣小拱棚种植西葫芦，生长较快的叶片时常紧贴膜壁，易造成日烧，被灼部位干枯、发白，易破碎。更主要的原因是植株没有经过锻炼或锻炼不够而突然揭膜，高温高湿环境突然变为温度较低而空气干燥的环境，致使嫩叶尤其叶边缘不适应而焦枯，造成叶片破碎。

3. 防治方法

①适期播种，适时定植。所扣小拱棚稍高稍宽些，避免揭棚前植株叶片贴附棚膜。

②避免偏施、过施氮肥，增施磷、钾肥，促使壮秧老健。定植缓苗后适当控水蹲苗。

③外界最低温度稳定在12℃以上时适时揭膜。揭膜前7天开始锻炼，先在背风向开通风口，风口逐日加大，揭膜前2天迎风向也开通风口，双向通风，然后选晴天上午去除薄膜。揭膜后及时浇水，保持充足水分。

六、叶枯病

1. 症状

在生育中后期易发生，一般老叶发病较多。初期在叶缘或叶脉间形成黄褐色坏死小点，周围有黄绿色晕圈，以后变成近圆形小斑，有不明显轮纹，很快数个小斑相互连接成不规则坏死大斑，终致叶片枯死。

叶枯病为生理性病害，在诊断上应注意与细菌性叶枯病的区别。

2. 发病原因

主要原因是生长前期地温低、土壤黏重、土壤过干或过湿，影响根系的发育。开花坐果后蒸腾作用旺盛而根系吸水能力弱，植株脱水，造成叶片萎蔫。连作栽培、施用化肥过多、有机质含量低、土壤浓度过大，易导致此病发生和流行。在连续阴天后天气骤晴时容易发病。土壤中缺镁或锰含量过高，也会诱发此病。

3. 防治方法

①保护地栽培应注意轮作倒茬，避免连茬栽培。

②多施有机肥，深翻土壤，高畦地膜覆盖，定植后勤中耕，以促进根系发育。适时适量浇水，避免土壤过干或过湿。

③生长期叶面喷施含镁、铁等微量营养元素的叶面肥。

④坐果数不宜过多，应注意及时采摘，防止植株早衰和影响根系发育。

七、落花、落果

1. 症状

温室大棚西葫芦开花结瓜期，常发生落花、落果现象，严重影响西葫芦的产量。

2. 发病原因

西葫芦落花、落果主要是营养不良、不利气候条件和病虫危害造成的。栽培管理措施不当，如种植密度过大或氮肥施用过多，会造成植株徒长，使西葫芦花、果因营养不足而脱落。棚室光照不足，温度偏低，会影响雄花授粉，即使授粉果实也发育不良、易脱落，阴雨雪天气表现更为明显。棚室内通风不良、湿度过大时，西葫芦雄花不能正常散粉，使授粉受精难以完成而落花落果。缺硼和病虫危害也会导致落花落果。

2. 防治方法

①开花结果期调节好温室温度，加大昼夜温差，促进养分积累和果实的膨大。及时揭盖草帘，擦净棚膜上的碎草、尘土，尽可能延长光照时间。

②如果植株叶片浓绿肥厚，开花却不结果，须严格控制水肥，并用较大的土块压住蔓头，抑制植株疯长。如果植株瘦弱，叶片黄且薄，须增加水肥，摘除第一雌花，促进营养生长。

③在幼果期、果实膨大期喷洒菜果壮蒂灵，平衡植株所需的营养，满足果实生长的需求，防落果、畸果。

④西葫芦为异花授粉作物，棚室栽培须人工授粉。每天上午9～10点，采当天开放的雄花，去掉花冠，将花蕊往雌花的柱头上轻轻涂抹，即可授上花粉。同时用20毫克/千克的2，4－D溶液涂抹雌花柱头或花柄，可提高坐果率。植株花朵过多时，还要适当疏花，保证植株正常结瓜。

⑤及时防治病虫。要及时清除败落花瓣及病叶、老叶，定期喷洒农药加新高脂膜水溶液，形成保护膜，防止病菌从顶端花瓣着生处侵染果实而造成脱落。

八、日灼病

1. 症状

症状主要表现在果实上，病果向阳面褪绿，逐渐形成浅黄白色至灰白色革质坏死斑，病部表皮失水而变薄发硬、略下陷。常在病斑表面腐生灰黑色霉状物，即腐生杂菌的子实体。

2. 发病原因

果实表面被较强的日光照射，表皮局部温度过高，使果实向阳的表面组织坏死。

3. 防治方法

①选用耐热的西葫芦品种。高温季节保护地西葫芦采用遮阳网覆盖，避免太阳光直射果实。

②适量灌溉，补充土壤水分，增加空气湿度。加强肥水管理，促进植株枝叶繁茂。

③及早摘除病果，防止病菌感染。

九、低温危害

1. 症状

棚室温度长时间低于西葫芦适宜温度，会使生长发育受阻，不发新根、沤根，叶片失绿成黄白色，叶片皱缩，叶缘枯死，植株生长缓慢，落花落果和形成畸形果等，即为冷害、寒害或低温障碍。当温度下降至使植株体内水分结冰时，轻者部分叶片受冻，重者心叶和大部分叶片死亡，即为冻害。

2. 发病原因

棚室设计不合理，保温设施不够完善或密闭条件不好；遇寒冷、连阴雨雪天或大风等，外界气温突然下降；放风时间过长或放风量过大；低温情况下浇水。

3. 防治方法

①仔细分析，找出发生冷害的原因。根据不同生长发育期采取相应的对策，主要有增加覆盖厚度，适当控制浇水量，及时松土，尽量延长光照时间，在连阴天中午揭开草帘见光，以提高棚室内的温度。

②在棚室内进行越冬一大茬栽培时，可采用云南黑籽南瓜嫁接西葫芦，不仅能提高植株的抗病能力，还能提高抗低温能力。在严寒来临之前，用农用链霉素进行喷雾，可以提高植株的抗寒能力。

③当发生轻微受冻时，要适度遮光、缓慢升温、适量浇水或给叶面喷洒清水，使受冻蔬菜缓慢解冻，恢复生长。恢复生长后，剪除冻死部分，酌情用50%速克灵可湿性粉剂2 000倍液进行喷雾，或用10%速克灵烟剂进行烟

熏，防止病害发生。及时松土，适量追施速效化肥，促进植株生长。

十、畸形瓜

1. 症状与发病原因

棚室西葫芦栽培中，常因环境条件和管理措施不当，导致西葫芦产生畸形瓜。

①尖嘴瓜。瓜条未长成商品瓜，瓜的顶端膨大受到抑制，形成后部粗而顶部较细的尖嘴瓜，瓜条短。

形成尖嘴瓜的原因是西葫芦发育前期养分供应不足，缺乏钾、钙、硼等营养元素，或温室温度偏高，根系受损而造成养分、水分吸收受阻；大量施用化肥，土壤含盐量过高，抑制根系对养分的吸收；浇水过多，土壤湿度过大，导致根系吸收能力降低；植株早衰老化，整枝过度，茎叶郁闭，受病虫危害。

②蜂腰瓜。瓜条中部多处缢缩，状如蜂腰，将蜂腰瓜纵切开，常会发现变细部分果肉已龟裂，果实变脆。

雌花授粉不完全，受精后干物质合成量少，营养物质分配不均匀，高温干燥，低温多湿，植株生长势弱等，均易出现蜂腰瓜。缺硼时也会出现蜂腰瓜。也有人认为，缺钾时也易出现蜂腰瓜。

③大肚瓜。西葫芦果实中部或顶部异常膨大。

雄花已经授粉，但果实受精不完全，仅在先端形成种子，种子发育吸收较多的养分，使先端果肉组织优先发育肥大，最终形成大肚瓜；养分不足、供水不均、植株生长势衰弱时，极易形成大肚瓜；在缺钾时更易形成大肚瓜。

④弯曲瓜。具有正常果形但发生弯曲的果实，有弯曲的肩果、弯曲的粗尾果和弯曲的细尾果等。

弯曲瓜主要是由于叶片中制造的同化物质不能顺利流入果实，导致整个果实发育不平衡而引起。

⑤棱角瓜。西葫芦棱角瓜类似番茄的空洞果，瓜重量轻，除有棱部分以外的其他部分均凹陷，有时整个瓜呈扁平状态，有时还具有大肚瓜、尖嘴瓜的特征。纵剖后瓜中空，果肉龟裂，后期腐烂。

形成棱角瓜的直接原因是植株供应瓜条发育的养分不足。间接原因是土壤养分不足，根系受损，生长后期脱肥，植株早衰或老化。

2. 防治方法

①西葫芦吸肥力强，定植前要施足底肥。可以用腐熟的农家肥配合适量的氮、磷、钾三元复合肥以及中微量元素肥，以起到长效与速效相结合的作用。果实膨大期需水较多，要经常保持土壤湿润，结瓜后采收一次追肥一次，避免肥水不足而产生畸形瓜。

②根据气候变化调节揭盖膜时间，特别是要针对西葫芦对温度的要求进行变温管理，满足西葫芦生长发育对温度的要求，促进养分积累，从而减少畸形瓜的生成。

③进行人工授粉，并配合激素处理。20～30 毫克/千克的 2，4－D，在开花的当天上午用毛笔蘸液涂于花梗或子房上，也可用40～50 毫克/千克的番茄灵喷洒雌花柱头。

④适量疏瓜，及时采收，保持植株旺盛长势。

十一、裂瓜

1. 症状

西葫芦幼瓜、成瓜均有发生，成熟瓜发生较严重。常见裂瓜有纵向、横向、斜向开裂 3 种，裂口深浅、开裂宽窄不一，轻者仅裂开一条小缝，严重的可深至瓜瓤、露出种子，裂口伤面逐渐木栓化。

2. 发病原因

西葫芦生长中控水过度后浇水过量，致果肉细胞吸水膨大，而果皮因细胞趋于老化，不能同步膨大，会出现裂瓜。幼果在生长发育过程中遇机械伤害产生伤口时，常在伤口处产生裂瓜。缺硼时果实易发生纵裂，开花时花器供钙不足也可造成幼果开裂。

3. 防治方法

①西葫芦喜湿润，不耐干旱，应选择土质肥沃、保水性能好的地块种植。

②施足腐熟有机肥，采用配方施肥技术。注意氮、磷、钾的配合比例，注意钾肥、钙肥和硼肥的施用。

③浇水量要适中，不要大水漫灌，保持土壤湿润，避免长期干旱。

十二、粗短瓜

1. 症状

瓜条又短又粗，会严重影响西葫芦的商品性。

2. 发病原因

粗短瓜首先是由于西葫芦花芽分化不良造成的。此外，点花药浓度过大，点花药时间过早，易导致瓜条发育不正常；留瓜多，不疏瓜，造成瓜条营养不足，生长发育受抑制，易发生粗短瓜；水大、肥大伤根，吸水、吸肥能力下降，西葫芦地上部分肥水供给不充分，也易使瓜条畸形。

3. 防治方法

①西葫芦进入结瓜期，要做到“高温养瓜”。白天温度保持在 25 ℃以上，增强光合作用；夜间 12～14 ℃，有利于光合产物向瓜条输送。及时擦拭棚膜，摘叶吊蔓，改善株行间的通风透光性，减少养分消耗。

②冬春季节，要功能性肥料与全水溶性肥料配合追施，养根、促蔓，增强植株长势。同时补充叶面肥，增强叶片光合功能，延缓衰老。

③注意点花激素浓度不宜过大，点花以雌花开放前一天或开花当天上午进行为宜。

第十章
芹菜生理性病害

芹菜是以叶柄为主要食用器官的蔬菜，市场需求量大，种植效益高。在生产中，由于受各种不同因素的影响，常发生一些生理性病害及生长异常现象，严重影响芹菜的品质和产量。

一、黑心病

黑心病又称心腐病、烂心、烧心，是生产上最为严重的毁灭性病害，芹菜整个生育期都会遭受其害，甚至在运输期病情还可能继续加重，尤以西芹受害最重。

1. 症状（图 10－1）

主要特征是芹菜外叶深绿，心叶顶端出现焦枯状，逐渐变成褐色，并迅速扩展到大部分组织，导致叶缘细胞坏死，干枯变黑，严重时整个心部枯死。在芹菜整个生育期都可能发生，尤其是苗期发生更为严重，轻者芹菜缺苗减产，重者因此毁种。在潮湿条件下，易并发软腐病而使整个心部腐烂，失去商品价值。

老菜园地发生较重，高温季节发生偏重，缺钙缺水条件下发病率高，在酸性土壤种植发生严重，大棚中间部分发病率明显高于四周。夏季栽培的芹菜易发病。

2. 发病原因

芹菜黑心病是由于缺钙或缺硼引起的，主要原因有：

①高温干旱，施肥不当，保护地栽培温度过高，严重缺水，均会影响根系对土壤中钙素的有效吸收。

②土壤中氮、钾、镁过多，由于拮抗作用阻碍植株对土壤中钙的吸收

和运转，以致部分心叶腐烂。

③土壤盐分浓度过高，影响钙的吸收。

④土壤中硼含量低，或由于拮抗作用影响植株对硼的吸收。

⑤土壤中钙含量过高或不足时，西芹对硼的吸收减少，引起幼叶变褐，心叶坏死。

导致芹菜烂心死棵的另一个重要原因是细菌性软腐病。

3. 防治方法

①品种间抗性差异较大，适宜品种可以减轻黑心病的发生。

②选择中性土壤种植芹菜，酸性土壤要施入石灰，调节土壤至中性或偏碱性。施足底肥并增施磷钾肥和硼肥，培育健壮植株以提高抗病力。不要过多使用氮肥和钾肥，以免造成硼素吸收受阻。

③注意控制环境温湿度，避免高温干旱。注意通风时揭边膜降温，夏季高温时应连防虫网一并揭开降温。白天气温以15～23℃为宜，最高不要超过25℃，夜间应保持在10℃左右。在叶丛生长期（8～9片真叶）要勤浇小水，经常保持土壤湿润（80%土壤持水量）。

④叶丛生长期，要用0.5%氯化钙+0.2%氯化镁+0.1%氯化钾喷施2～3次。发病初期，叶面喷施0.3%～0.5%硝酸钙溶液、0.1%氯化钙溶液或1%过磷酸钙溶液，每7天喷一次，连喷2～3次。在补充钙肥的同时，要注意补充硼肥。可在补钙时混入0.1%～0.3%硼砂水溶液，预防缺硼生理性烧心。

⑤用防治细菌性病害的药液30% DT可湿性粉剂400～500倍液，或77%可杀得可湿性粉剂600～800倍液，或农用链霉素、新植霉素4 000倍液等，每隔7天喷一次，连喷2～3次，预防芹菜细菌性软腐病。

二、空心

1. 症状

芹菜空心是一种生理老化现象，发生部位在叶柄，多从叶柄基部向上延伸，在同一植株上外叶先于内叶，由叶基到第1节间发生较早。叶柄空心部位呈白色絮状，木栓化组织增长。

2. 发病原因

有些实心品种经过多年种植后，品种退化，形成空心。遇连阴雨雪天气，棚室内温度太低、光照不足或受冻害，营养积累少，易产生空心。在沙性大的土壤栽培，遇到高温干旱天气容易产生空心。芹菜旺盛生长阶段，肥水缺乏或病虫害会使叶片光合能力减弱，因营养积累不足而形成空心。收获过晚，叶柄老化，植株生命力减弱，叶片制造的营养物质较少，也会产生空心。赤霉素使用浓度过大、次数过多，也可能诱发空心。

3. 防治方法

①选择优良品种，如意大利冬芹、美国西芹、玻璃脆等。播种前应用新高脂膜拌种驱避地下害虫，提高种子的抗病能力，同时提高种子发芽率。

②避免在沙性过大的土壤上栽培。除施足底肥外，生长过程中要及时追肥，如发现叶片颜色转浓，出现脱肥现象时，可用0.1%尿素液肥进行根外追肥。

③小水勤浇，勿渍水。在芹菜生长期喷施2~3次以速溶硼肥为主的水溶液，并配合喷施壮茎灵，可使秆茎粗壮、植株茂盛，有效预防芹菜空心的发生。

④适时收获，防止叶片老化。

三、叶柄开裂

1. 症状（图10-2）

多数表现为茎基部连同叶柄一起开裂，不仅影响商品品质，而且病菌极易侵染，致使芹菜发病霉烂。

2. 发病原因

一是缺硼引起；二是在低温、干旱的气候条件下，芹菜生长受到严重抑制，表皮角质化，这时遇到高温、大雨或浇水过多，会使芹菜组织迅速膨大，角质表皮开裂。

3. 防治方法

①深耕土壤，增施有机肥，促进根系发育，增强植株抗旱及抗低温能力。结合翻地每667平方米施入硼砂1千克，与充分腐熟的有机肥混匀作底肥，可以防治因缺硼引起的裂茎。

②加强温度、水分的控制，小水勤浇，经常保持土壤湿润，严禁大水漫灌，避免土壤忽干忽湿。

③在芹菜进入快速生长期后，可用0.2%硼砂或硼酸进行叶面喷肥，5~7天喷一次，连喷2~3次，对减轻芹菜的叶柄开裂有一定的作用。

四、绿脉黄叶

1. 症状

首先从植株顶端嫩叶开始，逐渐向下部叶片发展，发病叶片叶脉保持绿色，脉间叶肉褪绿，变成黄绿色至黄色、黄白色。整个叶片呈现明显的绿脉黄叶。

芹菜绿脉黄叶时有发生，发生后长势明显变弱，产量降低。芹菜植株矮化，生长缓慢。

2. 发病原因

芹菜绿脉黄叶是因植株缺铁所致。因铁与叶绿素的形成有密切关系，所以缺铁叶片表现失绿黄化，甚至变成白色。铁在植株体内不易移动，因此缺铁首先表现在植株顶端的嫩叶上。对植物有效的二价铁在土壤中的含量与土壤酸碱度及土壤碳酸钙含量有关。土壤偏碱性，碳酸钙含量偏高，铁的有效性就会降低而表现出缺铁。另外，土壤水分饱和度过高也会降低铁的可给性。温度、湿度、光照等条件，对植株吸收铁的能力也有影响。

3. 防治方法

①碱性或偏碱性土壤要进行改良，使之达到中性或稍偏酸性。

②增施有机肥，提高土壤有机质含量。土壤有机质对铁的活化有明显的促进作用，有机质多的土壤有效铁的含量也高。氮、磷、钾肥合理配合施用，磷肥不能过多，磷肥过剩易引起缺铁症。

③合理灌水，不使土壤过湿过干，雨后及时排出田间积水。保护地芹菜栽培，冬春季节做好增温、保温、补光工作。

④发现芹菜绿脉黄叶时，及时进行叶面喷肥，可喷0.1% ~0.2%硫酸亚铁溶液或0.2%氯化铁溶液。

五、提早抽薹

1. 症状

芹菜在收获前长出花薹，使食用品质下降，称为提早抽薹。先期抽薹主要发生在越冬、早春芹菜栽培中，4 月份以后播种的芹菜当年很少抽薹。

2. 发病原因

西芹春季播种太早，育苗温度偏低，在苗期或生长过程中遇 2 ~5 ℃的低温环境10～20天，植株即可通过春化而发生抽薹。育苗期太长，苗龄过大，水肥供应不足，定植后蹲苗过度，病虫草害严重，均易造成植株生长势差而先期抽薹。春西芹收获过晚，抽薹明显增加。种子质量差，使用陈旧或秕粒种子，发芽率和发芽势明显降低，植株生长势差，营养生长不良，易提早抽薹。

3. 防治方法

①选择法国皇后优他、文图拉、西芹3号等冬性强、耐低温能力强、营养生长旺盛、生长速度快、抽薹迟的优良品种，防止芹菜先期抽薹。不要使用陈旧或秕粒种子。

②春西芹适时育苗，保护地育苗要加厚保温层，防止幼苗长时间处于低温条件下。

③避免过度蹲苗，生长中后期要及时均匀地供应水肥，防治病虫草害，促进植株健壮生长。春芹菜一般在株高60～70厘米，叶柄6～8根时及时收获，防止生育期过长而抽薹。

④在加强管理的前提下，生长盛期每隔7～10天喷一次20～50毫克/千克的赤霉素，连喷2～3次，可促进营养生长，减缓先期抽薹。

六、低温冷害

1. 症状

受害叶片边缘呈黄白色，以后出现干枯、萎蔫、倒伏症状。

2. 发病原因

芹菜喜冷凉气候，是一种耐寒性强、不耐热的作物。生长期以白天15～20℃，夜间10℃为宜，经过低温锻炼的幼苗能耐－10～－7℃的低温，但气温长期低于0 ℃，也会受到冷害。

3. 防治方法

①低温炼苗。苗期在2～3片叶时，白天气温保持在15～20℃，夜晚降至0～4℃，可以增强植株的抗寒能力。

②增温保温。虽然芹菜是耐寒作物，一般大棚即可满足其生长要求，但遇寒冷天气，尤其是大风降温或长期阴雪天气，应注意保温增温，及时盖草苫，堵住通风口。特殊天气可采取临时增温措施。

七、沤根

1. 症状

沤根多发生在幼苗期，芹菜不再长新根，幼苗出土后生长缓慢，幼根外皮呈锈褐色，以后逐渐腐烂。茎叶生长受抑制，最后枯死，枯死幼苗很容易从土中拔起。

2. 发病原因

苗床湿度过高、长期低温、光照不足，是引起沤根的主要原因。在冬季、早春，芹菜苗期遇长期阴雪天气，畦面温度过低（低于10℃）、湿度过大，导致根系发育不良，吸收能力下降。

3. 防治方法

①畦内施足充分腐熟的有机肥，改善土壤的结构和通透性。播种时畦面要平整，严禁大水漫灌。

②提高床温，保持苗期温度15～25℃，防止低温和冷风侵袭。加强通风透光，提高幼苗抗性。

③加强通风，降低湿度。苗床湿度过大，可向苗床撒施干草木灰、细土。

④培育壮苗，提高抗病能力。发病初期及时松土，提高地温，促进根系生长。

八、纤维过多

1. 症状

芹菜是高纤维食物，尤其西芹富含纤维素，经肠内消化作用产生木质素或肠内脂，能降低肠道对毒素和脂肪的吸收，对预防高血压、动脉硬化等十分有益。但芹菜纤维过多会影响口感，降低商品性。

2. 发病原因

芹菜品种间存在差异，叶柄较浅的黄绿色、绿白色品种纤维较少，而叶柄较深的品种纤维多。生长期遇高温干旱，植株体内水分供应不足，叶柄厚角组织增厚，纤维增多。栽培密度过小，植株间距过大，叶柄受阳光照射较多，植株老化，则纤维增多。

3. 防治方法

①选择叶柄纤维较少的文图拉、高优地等西芹品种。

②合理密植，加强栽培管理，促进植株健壮生长。高温季节栽培应注意遮阴降温，保证水肥供应。

③生长盛期，喷洒1～2次25～50毫克/千克的赤霉素，可减少纤维含量，提高品质。

④适时收获，防止因植株老化而纤维增加。

图书在版编目（CIP）数据

棚室蔬菜生理性病害的识别与防治/刘巧英编著．—太原：山西科学技术出版社，2016.12（2018.8 重印）

ISBN 978-7-5377-5462-0

Ⅰ.①棚… Ⅱ.①刘… Ⅲ.①蔬菜—温室栽培—病害—防治—技术培训—教材 Ⅳ.①S436.3

中国版本图书馆 CIP 数据核字（2016）第 304165 号

棚室蔬菜生理性病害的识别与防治

出 版 人： 赵建伟
编　　著： 刘巧英
责任编辑： 郭丽丽
封面设计： 吕雁军

出版发行： 山西出版传媒集团·山西科学技术出版社
地址：太原市建设南路 21 号　邮编：030012
编辑部电话： 0351-4922134　0351-4922061
发行电话： 0351-4922121
经　　销： 各地新华书店
印　　刷： 北京兴星伟业印刷有限公司
网　　址： www.sxkxjscbs.com
微　　信： sxkjcbs

开　　本： 787mm×1092mm　1/16　印张：8.75
字　　数： 143 千字
版　　次： 2016 年 12 月第 1 版　2018 年 8 月第 3 次印刷

书　　号： ISBN 978-7-5377-5462-0
定　　价： 35.00 元

本社常年法律顾问： 王葆柯